Ali Newaz Bahar
Rucksana Safa Sultana

Um novo modelo de células fotovoltaicas de película fina de CdTe

Ali Newaz Bahar
Rucksana Safa Sultana

Um novo modelo de células fotovoltaicas de película fina de CdTe

ScienciaScripts

Imprint

Any brand names and product names mentioned in this book are subject to trademark, brand or patent protection and are trademarks or registered trademarks of their respective holders. The use of brand names, product names, common names, trade names, product descriptions etc. even without a particular marking in this work is in no way to be construed to mean that such names may be regarded as unrestricted in respect of trademark and brand protection legislation and could thus be used by anyone.

Cover image: www.ingimage.com

This book is a translation from the original published under ISBN 978-620-2-01389-5.

Publisher:
Sciencia Scripts
is a trademark of
Dodo Books Indian Ocean Ltd. and OmniScriptum S.R.L publishing group

120 High Road, East Finchley, London, N2 9ED, United Kingdom
Str. Armeneasca 28/1, office 1, Chisinau MD-2012, Republic of Moldova, Europe
Printed at: see last page
ISBN: 978-620-7-68079-5

Conteúdo

Resumo

A película ultrafina de CdTe de alta eficiência é um excelente candidato para células solares fiáveis, eficientes, estáveis e de baixo custo. Nesta investigação, foi estudada uma célula solar CdS/CdTe de elevada eficiência utilizando a ferramenta de simulação ADEPT 1D. O dispositivo proposto foi simulado com uma espessura reduzida da camada absorvente de CdTe e uma camada de ZnTe como campo de superfície posterior (BSF) com uma densidade de dopagem óptima, o que comprova uma eficiência de conversão de energia sensível. A investigação dos resultados da simulação mostrou que a eficiência de conversão com a camada BSF e o absorvedor de CdTe com 1 µm de espessura é 8,43% superior à das células de CdTe convencionais (sem camada BSF). A redução da perda de recombinação de portadores minoritários devido à inserção da camada BSF no contacto posterior em células ultrafinas de CdS/CdTe também foi investigada. Os resultados mostram que a célula de CdTe com camada BSF é responsável pelo aumento da eficiência quântica. Embora o tampão CdS proporcione uma eficiência teórica de 24,66%, a estrutura da célula com a camada tampão $Zn_xCd_{1-x}S$ apresentou parâmetros de desempenho mais elevados. No entanto, a estrutura optimizada de $Zn_x Cd_{1-x} S$/CdTe/ZnTe demonstra a maior eficiência de 24,85% (V_{oc} = 952,07 mV, J_{sc} = 35,09 mA/cm^2 e FF = 74,37%) sob espectros de iluminação global AM1.5G.

Palavras-chave: Célula solar de CdTe; campo de superfície posterior; camada tampão; espessura do absorvente; concentração de dopagem; eficiência.

Abreviaturas e símbolos

CdTe	Cadmium Telluride
CdS	Cadmium Sulphide
ZnO	Zinc Oxide
TCO	Transparent Conductive Oxide
ZnTe	Zinc Telluride
BSF	Back Surface Field
SCR	Space Charge Region
ZnCdS	Zin Cadmium Sulphide
SnS$_2$	Tin Sulphide
ZnSe	Zinc Selenide
CIGS	Copper Indium Gallium Selenide
CSS	Close Space Sublimation
CVD	Chemical Vapor Deposition
CBD	Chemical Bath Deposition
E$_g$	Energy Band Gap (eV)
FF	Fill Factor (%)
J-V	Current Density vs Voltage
J$_{sc}$	Short-Circuit Current Density (A)
V$_{oc}$	Open-Circuit Voltage (V)
η	Efficiency (%)
χ_e	Electron Affinity
n	Ideality Factor
q	Charge of an Electron (C)
E	Solar Irradiance (W/cm^2)
T	Absolute Temperature (K)
PV	Photovoltaics
ADEPT	A Device Emulation Program and Tool

Chapter 1

Introdução

Uma célula solar ou célula fotoeléctrica concebida para converter diretamente a luz solar em energia eléctrica. As células solares típicas são constituídas por camadas ou folhas de silício especialmente preparadas. Os electrões, deslocados através do efeito fotoelétrico pela energia radiante do Sol numa camada, fluem através de uma junção para a outra camada, produzindo uma tensão entre as camadas que pode fornecer energia a um circuito externo. As células solares são utilizadas como fontes de energia em calculadoras, satélites e outros dispositivos, e como fonte primária de eletricidade em locais remotos [1]. Toda a conversão de energia fotovoltaica (PV) utiliza materiais semicondutores sob a forma de uma junção p-n. O efeito fotovoltaico foi descoberto pela primeira vez pelo físico francês A. E. Becquerel em 1839 [2]. Atualmente, as células solares fabricadas a partir de bolachas de silício cristalino ou policristalino são a tecnologia dominante no mercado comercial. As células solares estabelecidas numa película fina de semicondutor são outra tecnologia com grande potencial. Uma dessas tecnologias de película fina baseia-se num composto de telureto de cádmio (CdTe). As vantagens desta tecnologia de película fina são o baixo consumo de material e a elevada eficiência demonstrada, o que a torna economicamente competitiva. A primeira célula fotovoltaica prática foi formulada em 1954 nos Laboratórios Bell [3] por três cientistas - Daryl Chapin, Calvin Souther Fuller e Gerald Pearson. Utilizaram uma junção p-n de silício difuso que atingiu uma eficiência de 6%. Registaram-se melhorias significativas no desempenho das células solares de CdTe. Até à data, as células solares à base de CdTe atingiram a eficiência máxima de 22,1% [4].

1.1 Motivação

Nos últimos anos, registaram-se grandes progressos no que respeita à eficiência das células solares de película fina de CdTe à escala laboratorial. No entanto, para uma produção industrial em massa, falta uma eficiência e um processo industrial simples, robusto e barato. As células solares baseadas em películas finas de materiais policristalinos são muito prometedoras, uma vez que permitem obter melhores rácios de eficiência/custo do que as restantes. Entre as células de película fina, as células solares baseadas em CdTe são as candidatas mais proeminentes para a conversão de energia fotovoltaica, devido à sua elevada potencialidade para tornar reais células solares de baixo custo, elevada eficiência, fiáveis e estáveis. Em primeiro lugar, a célula de CdTe é desenvolvida a partir de materiais policristalinos em vidro, que são potencialmente muito mais baratos e requerem processos mais simples. Em segundo lugar, o CdTe tem um elevado coeficiente de absorção de 5×10^5/cm, o que significa que todos os potenciais fotões incidentes com energia superior ao bandgap serão absorvidos nos primeiros microns da camada absorvente de CdTe. E, finalmente, o CdTe tem um "bandgap" ótico direto de 1,48 eV [5], que é idêntico ao "bandgap" ótimo para células solares. Por conseguinte, as células solares de CdTe tornam o custo do material relativamente baixo [4].

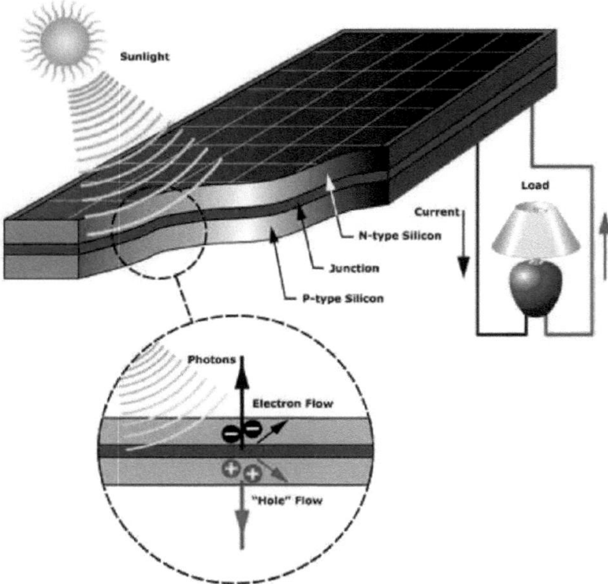

Figura 1.1: Conversão de energia solar

A Figura 1.1 apresenta um diagrama simplificado de uma célula solar que utiliza uma única junção p-n. Atualmente, os investigadores concentram-se na melhoria do desempenho das células solares de película fina de CdTe com base nas propriedades do material. Este trabalho descreve o estudo teórico do papel da espessura do absorvedor e da camada BSF no desempenho das células solares de CdTe.

1.2   Finalidades e objectivos

O objetivo deste estudo é a simulação numérica de células solares de heterojunção CdS/CdTe com diferentes materiais de camada tampão e camada BSF (Back Surface Field). Outro objetivo desta investigação foi determinar a espessura óptima do absorvedor, que teria uma maior eficiência de conversão. O facto de poderem ser utilizadas várias tecnologias de deposição para fabricar células solares de CdTe eficientes estabelece a flexibilidade deste material no que respeita ao método de fabrico e distingue-o de outras tecnologias de película fina. As diferentes técnicas de baixo custo são a deposição química de vapor (CVD), a sublimação em espaço fechado (CSS), a deposição por banho químico (CBD) e a pulverização catódica [5]. Além disso, durante a simulação, será estudada a influência de parâmetros como a espessura, a concentração de dopagem, o intervalo de banda e a

5

temperatura no desempenho do dispositivo. As consequências de vários parâmetros do dispositivo no seu desempenho serão analisadas e determinadas. Os parâmetros de medição do desempenho do dispositivo, como a tensão de circuito aberto, a corrente de curto-circuito, o fator de enchimento, a eficiência, o campo elétrico, a corrente resolvida, etc., serão calculados durante a simulação através do simulador em linha ADEPT 2.1 [6]. O procedimento de simulação apresenta uma instalação de teste interior controlável em condições laboratoriais. O simulador ADEPT fornece iluminação estimando a luz solar natural.

1.3 Desafios

É bem conhecido teoricamente que, para as células solares de telureto de cádmio (CdTe), a espessura mínima da película de CdTe, necessária para absorver 99% dos fotões incidentes com energias superiores ao intervalo de banda Eg, é de cerca de 1-2 microns [5, 7]. A redução da espessura da camada absorvente de CdTe é razoável não só em termos de redução do custo do material no processo de fabrico, mas também pode aumentar a eficiência da célula solar devido à redução das perdas de recombinação por volume [7, 8]. Existem vários desafios para tornar as células solares de película fina de CdS/CdTe mais competitivas:

s Tempo de vida curto dos portadores minoritários devido à recombinação dos pares eletrão-buraco nos centros de defeitos das camadas de CdTe e na interface entre o CdS e o CdTe,

- Transparência inadequada das camadas tampão de óxido condutor transparente (TCO) e CdS,

- Deficiência de um bom contacto óhmico entre os contactos posteriores e as camadas de CdTe,

- Potencialidade para dopar filmes de CdTe do tipo p de forma estável.

Para estimular o progresso e contribuir para o êxito comercial, estes desafios fundamentais devem ser enfrentados. A eficiência da corrente de iluminação frontal e traseira alcançada na estrutura bifacial CdS/CdTe excedeu 10% e 3%, respetivamente [8]. Foi também demonstrado que pode ser adicionada uma camada muito fina de Cu entre o CdTe e o ITO para reduzir a resistência em série, mas mantendo a transparência [9]. Se se diminuir ainda mais a espessura das camadas de CdTe na configuração bifacial, podem ser construídas células em tandem para melhorar a eficiência através da absorção de uma maior parte do espetro solar, embora seja ainda necessária investigação intensiva para a pôr em prática. Além disso, uma película de CdS mais fina resulta numa corrente de curto-circuito mais elevada e aumenta a eficiência em cerca de 6,1%, com menor necessidade de materiais.

É analisado um ensaio inovador de baixo custo através da deposição em vácuo (VD) para construir CdS e CdTe num substrato de baixa temperatura (55° C) [10]. Uma vez que o desempenho da célula solar está intimamente associado à qualidade da interface entre o CdS e o CdTe. A eficiência de conversão resultante é bastante elevada, uma vez que se trata da primeira operação bem sucedida de uma célula solar baseada em CdS/CdTe criada por deposição a baixa temperatura, devendo ser realizado mais trabalho para otimizar o processo antes de o implementar efetivamente para fins comerciais [11].

O principal parâmetro necessário para desenvolver e atingir uma elevada eficiência nos dispositivos de CdTe é Voc, cuja magnitude é afetada pelas propriedades da junção, pela concentração de portadores em massa e pelo contacto posterior. O aumento de Voc pode ser conseguido através do aumento da dopagem líquida do tipo p da massa através de dopagem extrínseca ou, mais provavelmente, através de melhores condições de crescimento do cristal que influenciem o estabelecimento mais próspero de defeitos pontuais nativos [7, 11].

1.4 Antecedentes e trabalhos relacionados

As células solares compostas de heterojunção II-VI (por exemplo, CdTe) são os candidatos mais promissores para a conversão de energia fotovoltaica de baixo custo e elevada eficiência. As eficiências mais elevadas registadas ainda não se aproximam dos limites teóricos ou realizáveis (na ordem dos 18-24%). No entanto, estão atualmente a ser estudadas várias estratégias de melhoria com tecnologias de fabrico de baixo custo [12].

As células solares de CdTe baseadas em absorventes finos com camadas tampão de CdS foram estudadas experimentalmente por vários autores [4, 7-11]. A conclusão comum destes estudos foi que a eficiência da célula se manteve num nível elevado até uma espessura da camada de CdTe de cerca de 1 μm. Abaixo desta espessura, verifica-se uma grave degradação da eficiência devido a perdas acentuadas na densidade de corrente de curto-circuito Jsc , na tensão de circuito aberto Voc e, em alguns casos, no fator de enchimento (FF) [5]. Estas reduções foram atribuídas a perdas ópticas, ao aumento da recombinação devido à abjeção do material CdTe, à recombinação por contacto posterior e a problemas de derivação.

Além disso, sob iluminação AM1.5G para utilização terrestre, as células solares de película fina de CdTe demonstraram uma elevada eficiência e um desempenho duradouro a longo prazo [10]. As células solares de CdTe com uma eficiência de área total de 16,5% já foram fabricadas utilizando a camada tampão de CdS depositada por banho químico (CBD) [11]. O processo de sublimação espaçada (CSS) é também utilizado para fabricar células solares de CdTe/CdS em vez de utilizar o processo CBD. As elevadas taxas de deposição e a utilização eficiente do material são as características atractivas da tecnologia CSS para aplicações em grandes áreas [9]. Obteve-se uma elevada densidade de corrente de curto-circuito em células solares de CdTe, integrando ZnxCd1-xS como camada tampão. De facto, foi alcançada uma eficiência de conversão de 19,5% com uma espessura de 1 μm de CdTe [5]. Estes estudos sugeriram diferentes formas de melhorar as células solares de CdTe de película fina.

A formação do resto da tese será discutida da seguinte forma. A discussão fundamental sobre a célula solar de película fina de CdTe, incluindo a estrutura e o princípio de funcionamento, foi abordada no capítulo 2. No capítulo 3, são ilustrados o projeto proposto e a metodologia de investigação. A implementação do dispositivo proposto, o resultado da simulação, a discussão subjacente ao resultado e a comparação do resultado com trabalhos anteriores são descritos no capítulo 4. Por fim, no capítulo 5, a tese é concluída com uma discussão sobre o resumo e o trabalho futuro.

Chapter 2

Revisão da literatura

Este capítulo apresenta uma panorâmica da tecnologia fotovoltaica, necessária para a compreensão da tese. Começa com uma breve discussão sobre os diferentes tipos de dispositivos de células solares, tais como células solares de silício monocristalino e policristalino, células solares de película fina, células solares em tandem, células solares de pontos quânticos, etc. Em seguida, são também abordados o princípio de funcionamento, a estrutura do dispositivo e a caraterização da célula solar de película fina de CdTe.

2.1   Sistema fotovoltaico

Um sistema fotovoltaico, ou sistema de energia solar fotovoltaica, é um sistema de energia concebido para fornecer energia solar disponível através de células fotovoltaicas. As células solares semicondutoras são essencialmente dispositivos bastante simples. Os semicondutores têm a capacidade de absorver a luz e de transmitir uma parte da energia dos fotões absorvidos a portadores de corrente eléctrica, electrões e buracos [7-12]. Um díodo semicondutor separa e reúne os portadores e conduz a corrente eléctrica gerada preferencialmente de uma forma específica. Assim, uma célula solar é simplesmente um díodo semicondutor que foi cuidadosamente concebido e fabricado para absorver e converter eficazmente a energia luminosa do sol diretamente em energia eléctrica.

As células solares mais simples têm três camadas activas: i) uma camada de junção superior (feita de semicondutor tipo n), ii) uma camada absorvente (uma junção p-n) e iii) uma camada de junção posterior (feita de semicondutor tipo p). A Figura 2.1 apresenta uma estrutura simples de célula solar convencional.

A luz solar incide de cima para baixo, na parte da frente da célula solar. Uma grelha metálica forma um dos contactos eléctricos do díodo e permite que a luz incida sobre o semicondutor entre as linhas da grelha. Assim, a luz será absorvida e convertida em energia eléctrica. A Figura 2.1 mostra a junção p-n entre dois materiais semicondutores com um lado dopado com p e outro com n. Numa célula solar de CdTe, o ZnO e o CdS estabelecem o lado dopado com n e a camada de CdTe é o lado dopado com p da junção.

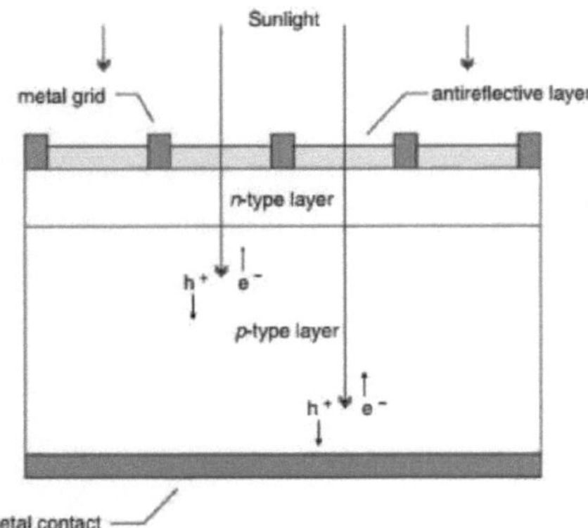

Figura 2.1: Diagrama esquemático de uma célula solar convencional simples

Atualmente, as células solares são construídas com muitas tecnologias diferentes, e o nível de eficiência que estes dispositivos podem atingir é bastante bom. No mundo atual, temos células solares de Si em massa, células solares de película fina construídas a partir de Si ou CdTe, células solares sensibilizadas por corantes, etc. Existem ainda conceitos mais avançados de células solares, como as células solares de pontos quânticos (QD), as células solares de portadores quentes, etc. [13]. Atualmente, as células solares são utilizadas para a produção em massa de eletricidade. A vantagem adicional das centrais solares é o facto de necessitarem de uma manutenção mínima e de a energia de entrada ser limpa e gratuita. O circuito equivalente de uma célula solar ideal é apresentado na figura 2.2.

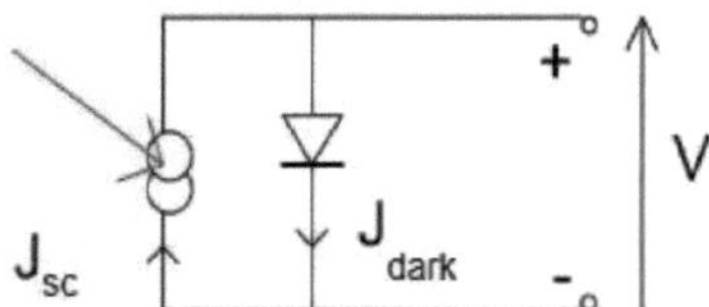

Figura 2.2: Circuito Equivalente de uma Célula Solar Ideal

A força de separação da junção p-n contribui para a recolha de carga em ambos os lados da junção e, consequentemente, para uma diferença de potencial elétrico. Se uma carga eléctrica for associada à célula solar, os electrões fluirão do elétrodo negativo através da carga para o elétrodo positivo.

O termo fotovoltaico refere-se ao modo de funcionamento não enviesado de um fotodíodo, no qual a corrente através do dispositivo é totalmente devida à energia luminosa transduzida. Praticamente todos os dispositivos fotovoltaicos (ou solares) são algum tipo de fotodíodo. A Figura 2.3 mostra o funcionamento de uma célula fotovoltaica genérica.

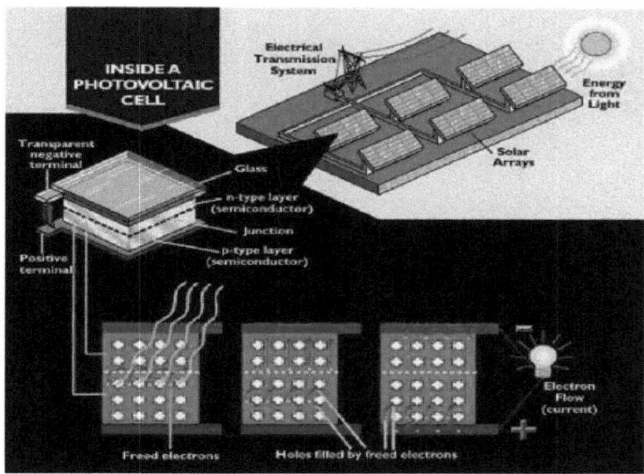

Figura 2.3: Módulo fotovoltaico

2.2 Diferentes tipos de células solares

Centenas de células solares constituem um painel solar fotovoltaico (PV). As células solares são os elementos dos painéis solares que convertem a luz radiante do sol em eletricidade, que é depois aplicada para alimentar dispositivos eléctricos e aquecer e arrefecer casas e empresas. As células solares incluem materiais com propriedades semicondutoras, em que os seus electrões são excitados e transformados numa corrente eléctrica quando atingidos pela luz solar. Embora existam muitas variações de células solares, os tipos mais comuns são os seguintes:

2.2.1 Célula de silício monocristalino

As células solares monocristalinas, também chamadas "monocristalinas", são facilmente identificáveis pela sua cor. Considera-se que são formadas por um tipo de silício muito puro. No mundo do silício, quanto mais perfeito for o alinhamento das moléculas, mais eficaz é o material na conversão da luz solar em eletricidade [14].

Estas células são constituídas principalmente por cristais de silício, como se pode ver na Figura 2.4. Um cristal cilíndrico de silício é "cultivado" a partir de silício fundido para produzir células solares monocristalinas. Este cristal é depois cortado em fatias finas e moldado num hexágono, de modo a ficarem substancialmente juntos no painel solar. Em geral, estas células têm uma eficiência de 13-16% e são as mais competentes das células de silício [15]. Além disso, estes painéis produzem mais energia por unidade de área, pelo que são mais eficientes em termos de espaço.

Mas os painéis solares feitos de células monocristalinas são os mais caros de todas as células solares. A razão é que o processo de corte de quatro lados acaba por desperdiçar uma grande quantidade de silício, por vezes mais de metade.

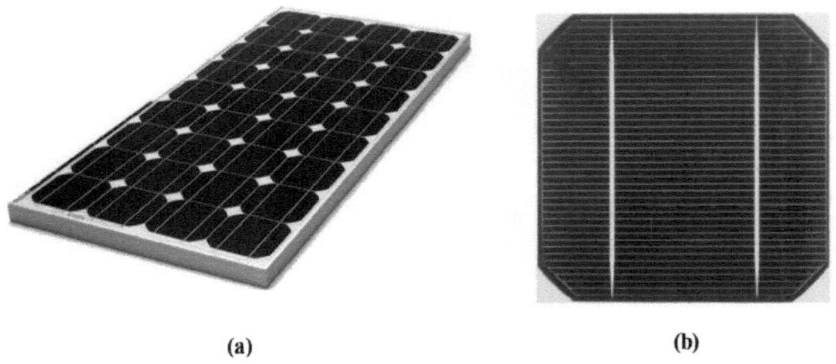

(a)   (b)

Figura 2.4: Silício monocristalino (a) Painel solar (b) Célula solar

2.2.2 Célula solar de silício policristalino

Células solares policristalinas, também conhecidas como células de polissilício e multissilício. Em 1981, foram as primeiras células solares introduzidas na indústria. As células policristalinas não passam pelo processo de corte aplicado às células monocristalinas. Em vez disso, o silício é derretido e vertido num molde quadrado, daí a forma quadrada das policristalinas [14, 15]. Desta forma, são muito mais baratas, uma vez que quase nenhum silício é desperdiçado durante o processo de fabrico.

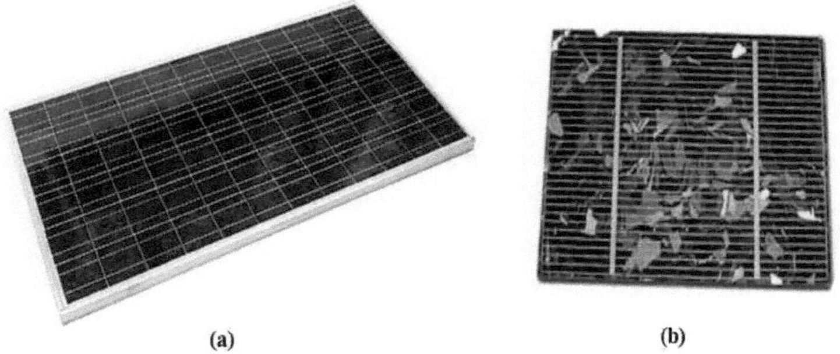

(a)   (b)

Figura 2.5: Silício policristalino (a) Painel solar (b) Célula solar

Estas células também são constituídas principalmente por silício, mas o silício fundido de elevada pureza é moldado utilizando um molde e arrefecido sob condições controladas num molde.

A sua colocação em forma de multi-cristais é algo irregular, conferindo ao produto final um aspeto salpicado, como mostra a Figura 2.5. Este bloco quadrado é depois cortado em fatias finas e as fatias são organizadas no painel. Normalmente, estas células solares têm eficiências de 12-16% e são mais económicas do que as variedades monocristalinas [14]. Uma das principais desvantagens das células solares policristalinas é o facto de terem uma menor tolerância ao calor do que as células

12

solares monocristalinas. Assim, não têm um desempenho eficiente a altas temperaturas.

2.2.3 Célula solar de película fina

As células solares de película fina são qualificadas pela forma como vários tipos de materiais semicondutores são sobrepostos uns sobre os outros para produzir uma série de películas finas. O principal atrativo das tecnologias de película fina é o seu custo. A produção em massa é muito mais simples do que a dos módulos de base cristalina, pelo que o preço da produção em massa de células solares de película fina é comparativamente mais económico [16]. Todos os semicondutores de película fina que estão a ser investigados são semicondutores de intervalo de banda direta. Assim, a absorção da luz solar ocorre em poucos micrómetros. Uma grande desvantagem é o facto de as tecnologias de película fina necessitarem de muito espaço.

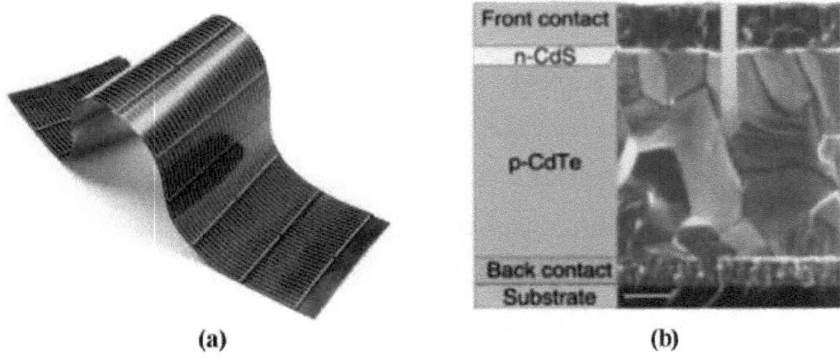

Figura 2.6: (a) Célula solar de película fina (b) Estrutura da célula solar de CdTe

Alguns dos materiais semicondutores mais promissores para as células solares de película fina são o silício amorfo (a:Si), o telureto de cádmio (CdTe), o CZTS, o CuInGaSe2 e as suas ligas. A Figura 2.6(a) mostra a célula solar de película fina. O telureto de cádmio (Figura 2.6 (b)) é um dos materiais de película fina que têm sido eficientes em termos de custos em relação aos modelos de silício cristalino. De facto, nos últimos anos, alguns modelos de telureto de cádmio ultrapassaram-nos em termos de relação custo-eficácia [17]. A eficiência experimental mais elevada registada para uma célula solar de película fina à base de CdTe é de 22,1%.

2.2.4 Célula Solar Tandem

As células solares em tandem podem ser células individuais ou ligadas em série. As células ligadas em série são muito mais simples de fabricar, mas a corrente é a mesma através de cada célula, o que limita os intervalos de banda que podem ser gastos. A colocação mais comum para as células em tandem é cultivá-las monoliticamente, de modo a que todas as células sejam cultivadas como camadas no substrato e as junções em túnel liguem as células individuais [18]. A secção transversal de uma célula solar em tandem está representada na Figura 2.7(a).

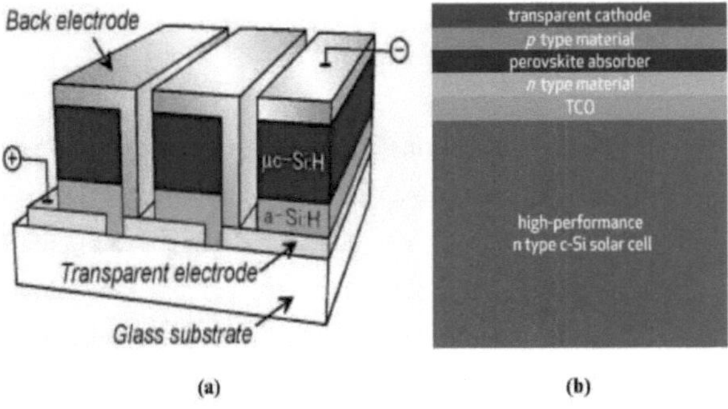

Figura 2.7: (a) Secção transversal de uma célula solar em tandem (b) Célula solar em tandem de perovskite

Uma célula tandem é uma forma única de célula solar composta por duas ou mais subcélulas que, em conjunto, convertem mais do espetro da luz solar em eletricidade e, consequentemente, aumentam a eficiência global da célula. As subcélulas são associadas umas às outras e podem ser fabricadas com materiais de células solares diferentes ou da mesma família de materiais de células solares. Independentemente da sua construção, a subcélula superior absorve uma parte do espetro da luz solar diferente da da célula inferior. A perovskite é a escolha ideal de célula superior quando combinada com células solares inferiores de silício ou CIGS, na medida em que a célula superior de perovskite absorve a luz visível, mas transfere a luz infravermelha e infravermelha próxima para a célula inferior. Uma célula solar em tandem de perovskite é descrita na Figura 2.7(b). A modelização da célula em tandem demonstra que é possível um desenvolvimento relativo de 20% [19] na produção de eletricidade.

2.2.5 Célula solar de pontos quânticos

Os pontos quânticos são uma classe especial de semicondutores que são nanocristais. São compostos por grupos periódicos de materiais II-VI, III-V ou IV-VI e podem confinar electrões (confinamento quântico). Quando a dimensão de um QD se aproxima da dimensão do raio de Bohr do excitão do material, o efeito de confinamento quântico torna-se proeminente e os níveis de energia dos electrões deixam de poder ser tratados como uma banda contínua, devendo ser tratados como níveis de energia discretos [20]. Por conseguinte, o QD pode ser considerado como uma molécula artificial com um intervalo de energia e um espaçamento entre níveis de energia dependentes do seu tamanho (raio).

Uma célula solar de pontos quânticos utiliza pontos quânticos como material fotovoltaico absorvente. Procura substituir materiais a granel como o silício, o seleneto de cobre, índio e gálio (CIGS) ou o CdTe. Os pontos quânticos têm intervalos de banda que podem ser ajustados numa vasta gama de níveis de energia, variando o tamanho dos pontos. Nos materiais a granel, o intervalo de banda é fixado pela escolha dos materiais. Esta propriedade torna os pontos quânticos atractivos para as células solares de junção múltipla, em que uma variedade de materiais é utilizada para desenvolver a eficiência através da captação de múltiplas porções do espetro solar.

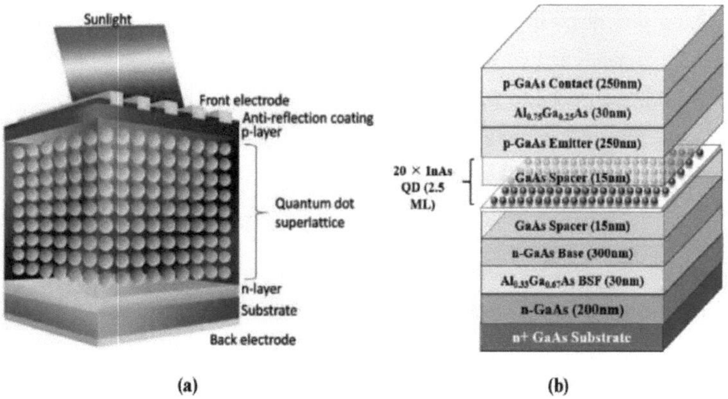

Figura 2.8: (a) Estrutura esquemática da célula solar de pontos quânticos (b) A estrutura QDSC com 20 repetições de InAs

A Figura 2.8 (a) mostra uma super-rede tridimensional de pontos quânticos, constituída por camadas de pontos quânticos auto-organizados empilhados. E a Figura 2.8 (b) mostra a ilustração esquemática da estrutura da célula solar de pontos quânticos, cultivada com 20 repetições de camadas de QDs de InAs, cada uma distinguida por 15 nm de espaçador de GaAs. Os QD têm grandes momentos de dipolo intrínsecos, que podem conduzir a uma rápida separação de cargas. Descobriu-se que os pontos quânticos emitem até três electrões por fotão, devido à geração múltipla de excitões (MEG), ao contrário do que acontece com as células solares de silício cristalino normais, que emitem apenas um. Teoricamente, este facto poderia aumentar a eficiência da energia solar de 20 % para 65 % [21].

2.3 Elementos da célula solar de CdTe

O telureto de cádmio é uma fina camada semicondutora concebida para absorver e converter a luz solar em eletricidade. A tecnologia fotovoltaica de telureto de cádmio é a única tecnologia de película fina com custos inferiores aos das células solares convencionais de silício cristalino em sistemas multikilowatt. Uma célula solar de CdTe é constituída por um superstrato de vidro, uma fina camada de janela (ZnO), uma camada tampão (CdS/ZnCdS/ZnSe/SnS2), uma camada absorvente de CdTe, uma camada de campo de superfície posterior (ZnTe) e um contacto posterior.

2.3.1 Superstrato de vidro

O termo superstrato designa um projeto de célula solar em que o superstrato de vidro não é apenas utilizado como estrutura de suporte, mas também como janela para a iluminação e como parte do encapsulamento. As propriedades ópticas e eléctricas da superstrato de vidro desempenham um papel vital no desempenho dos dispositivos fotovoltaicos de CdTe. A superstrutura de vidro transparente é o suporte das camadas activas de película fina, enquanto a camada condutora serve como um dos eléctrodos [22]. A disposição deste componente é complexa, na medida em que o impacto das propriedades eléctricas e electrónicas, a resposta espetral da transmissão ótica e a física do dispositivo no seu desempenho estão inter-relacionados.

2.3.2 Camada de janela

A camada de ZnO é designada por camada janela ou óxido condutor transparente (TCO). Para que a maioria dos fotões seja absorvida pelo CdTe, é muito importante que o TCO tenha um grande intervalo de banda (3,3 eV) e, por conseguinte, seja transparente para a maior parte do espetro solar [23]. Normalmente, é colocado um revestimento antirreflexo na parte superior da célula para minimizar as perdas por reflexão.

2.3.3 Camada de tampão

O principal objetivo de uma camada tampão de CdS numa heterojunção de CdTe de película fina é formar uma junção com a camada absorvente, admitindo simultaneamente uma quantidade máxima de luz na região da junção e na camada absorvente. Além disso, a camada de CdS tem perdas mínimas de absorção e é capaz de conduzir os portadores fotogerados com perdas mínimas de recombinação e transportar os portadores fotogerados para o circuito exterior com uma resistência eléctrica mínima [22]. O ganho de eficiência das células solares de CdTe de película fina depende muito da qualidade e da espessura da camada tampão de CdS.

Houve muitas tentativas para substituir o CdS por uma camada tampão alternativa. No entanto, recentemente todos os dispositivos com camadas tampão alternativas tiveram um desempenho inferior ao dos dispositivos com CdS, embora o $Zn_x Cd_{1-x} S$ se tenha aproximado quando depositado no mesmo substrato. Foi demonstrado que o $Zn_x Cd_{1-x} S$ do tipo n é um importante candidato a material de banda larga [5, 7]. Assim, o bandgap de $Zn_x Cd_{1-x} S$ pode ser ajustado de 2,42 eV (CdS) para 3,6 eV (ZnS) para formar células solares de junção hetero de CdTe [13]. Uma vez que o SnS_2 (sulfureto de estanho) tem um valor de bandgap semelhante (2,24 eV) ao do CdS, pode ser utilizado como camada tampão [24, 25]. O seleneto de zinco (ZnSe) também é utilizado para substituir a camada de CdS, uma vez que tem um intervalo de banda de 2,65 eV mais largo do que o CdS [15].

2.3.4 Camada absorvente

A camada absorvente é a camada mais importante do dispositivo fotovoltaico. O CdTe policristalino (telureto de cádmio) tem sido considerado um material muito auspicioso para células solares de película fina altamente eficientes. O CdTe é um semicondutor composto II-VI utilizado para a camada de conversão de energia fotoeléctrica com um elevado coeficiente de absorção, 5×10^5 cm^{-1} [5]. No entanto, o intervalo de banda ótica direta do CdTe é de 1,48 eV, o que corresponde intimamente ao espetro da luz solar [24-29]. De facto, foi alcançada uma eficiência de conversão de 19,5% com uma espessura de 1 μm de CdTe [7], com possibilidade de fabrico a baixo custo. Até à data, a célula solar à base de CdTe atingiu a eficiência experimental mais elevada de 22,1% [4], embora o limite teórico exceda os 24%.

2.3.5 Camada de campo da superfície posterior

Um material de banda larga ZnTe (Eg = 2,26 eV) no contacto posterior que faz uma heterojunção CdTe/ZnTe actua de forma semelhante a uma BSF que diminui a perda de portadores no contacto posterior. A camada BSF é uma camada passivante que restringe o fluxo de portadores minoritários da base para a superfície posterior da célula [5, 7]. Como resultado, a recombinação superficial dos portadores minoritários é reduzida e a densidade da corrente de curto-circuito (Jsc) é aumentada. Assim, a eficiência de uma célula solar de CdS/CdTe/ZnTe também aumenta.

2.3.6 Voltar Contacto

O desenvolvimento de um contacto traseiro estável e eficiente é necessário para a estabilidade a longo prazo das células solares CdTe/CdS. O CdTe tem uma elevada afinidade eletrónica e, por conseguinte, é necessário um metal de elevada função de trabalho para formar um bom contacto óhmico no CdTe de tipo p. O material de contacto posterior é um metal na parte inferior do absorvedor, cuja função é recolher os portadores do absorvedor e levá-los para a carga externa. Nas células de espessura normal, os requisitos para o material de contacto posterior são ter baixa resistividade, não bloquear o fluxo de portadores maioritários e buracos [30]. O material de contacto posterior torna-se mais importante e mais fascinante à medida que as células se tornam mais finas, porque o perfil de geração de portadores se desloca para mais perto dele. Até agora, foram analisados diferentes materiais de contacto posterior, sendo os mais utilizados Cu/Au, ZnTe dopado com Cu, Cu/grafite, Cu/Mo ou apenas Au.

2.3.7 Junção P-N

Uma junção p-n é formada quando dois tipos de semicondutores, do tipo p (excesso de buracos) e do tipo n (excesso de electrões), entram em contacto. O termo junção p-n designa a interface de junção e a área imediatamente circundante dos dois semicondutores [31]. A junção p-n numa célula típica de CdTe é constituída pelo CdTe do tipo p e pelo CdS do tipo n. O diagrama de bandas de energia para uma célula deste tipo é apresentado na Figura 2.7. As junções P-N são normalmente produzidas num único cristal de semicondutor através da dopagem de cada lado com diferentes "dopantes". A descoberta da junção p-n é geralmente atribuída ao físico americano Russell Ohl dos Bell Laboratories [3].

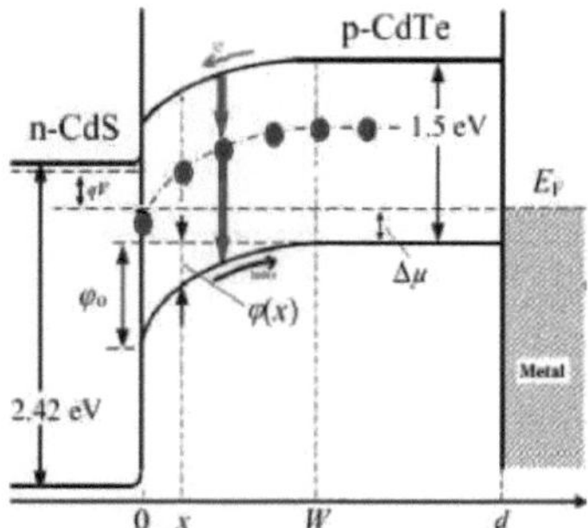

Figura 2.9: Diagrama esquemático de bandas de energia de uma junção P-N CdS/CdTe

O intervalo de banda do CdTe é de 1,50 eV e a sua espessura é de 1 μm. O intervalo de banda do CdS é de 2,42 eV. A diferença nas afinidades electrónicas entre o CdTe e o CdS resulta numa descontinuidade do intervalo de banda. Devido à junção p-n, um campo elétrico incorporado está sempre presente na célula solar. Quando os fotões atingem a célula solar, os electrões livres tentam unir-se aos buracos na camada tipo p. No entanto, o campo elétrico, uma estrada de sentido único sobreposta à célula, permite que os electrões fluam apenas numa direção [32]. Se for fornecido um caminho condutor externo, os electrões fluirão através desse caminho para se unirem aos buracos do outro lado da junção.

2.4   Parâmetros de saída da célula solar

As medições J-V são efectuadas para caraterizar as células solares. Uma caraterística corrente-tensão ou curva J-V (curva corrente-tensão) é uma relação, geralmente apresentada sob a forma de uma tabela ou gráfico, entre a corrente eléctrica através de um circuito, dispositivo ou material e a tensão correspondente, ou diferença de potencial através dele [31]. A Figura 2.10 indica que o produto corrente-tensão é positivo, e a célula gera energia, quando a tensão está entre 0 e Voc .

A densidade da corrente de curto-circuito, Jsc, depende do espetro da luz incidente e das propriedades ópticas (recombinação, reflexão, absorção). Na célula solar à base de CdTe, J_{sc} pode ser calculado pela seguinte fórmula [23]

$$J_{sc} = q\Sigma_i T(\lambda)\frac{\Phi_i(\lambda_i)}{h v_i}\eta(\lambda_i)\Delta\lambda_i \tag{2.1}$$

Onde q é a carga de um eletrão, T(λ) é a transmissão ótica, Φi é a densidade espetral de potência, e $\Delta\lambda i$ é o intervalo entre os dois valores adjacentes do comprimento de onda.

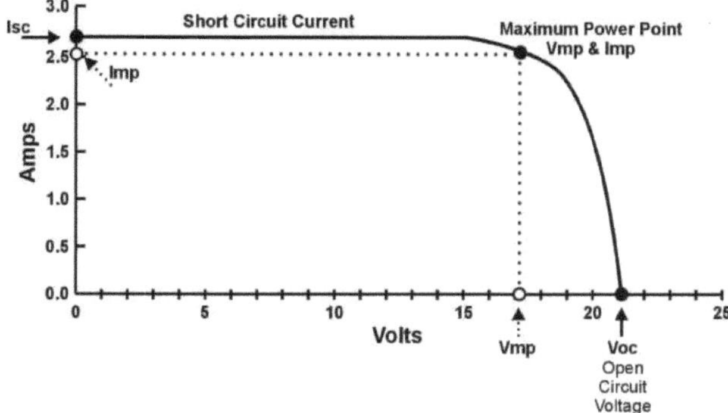

Figura 2.10: Curva caraterística corrente-tensão da célula solar

A tensão de circuito aberto, *Voc*, surge quando a corrente líquida através da célula solar é zero e pode ser expressa como [29]

$$V_{oc} = \frac{nkT}{q} ln(\frac{J_{sc}}{J_0} + 1)$$

(2.2)

Onde n é o fator de idealidade, k é a constante de Boltzman, T é a temperatura de funcionamento e J0 é a corrente inicial.

A corrente de curto-circuito e a tensão de circuito aberto são a corrente e a tensão máximas, respetivamente, de uma célula solar. O "fator de enchimento", FF, é definido como o rácio entre a potência máxima da célula solar e o produto de Voc e Isc . Graficamente, o FF é uma medida da "quadratura" da célula solar e é também a área do maior retângulo que caberá na curva IV. O FF é ilustrado na figura 2.11.

O fator de enchimento, FF, determina a potência máxima de uma célula solar e pode ser calculado por [33]

$$FF(\%) = \frac{v_{oc} - ln(v_{oc} + 0.72)}{v_{oc} + 1}$$

(2.3)

Here, $v_{oc} = \frac{q}{nkT} V_{oc}$ is specified as "normalized V_{oc}".

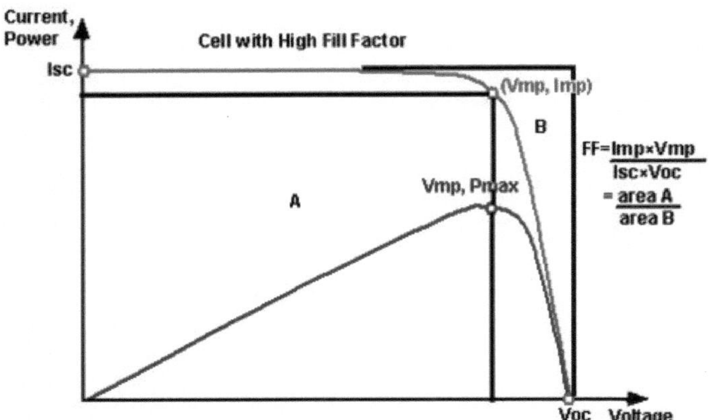

A iluminação incidente é o espetro AM1.5G durante o cálculo das características J-V nesta análise numérica, uma vez que é a iluminação terrestre padrão. A eficiência é o parâmetro mais comummente utilizado para equiparar o desempenho de uma célula solar a outra. A eficiência é definida como o rácio entre a energia produzida pela célula solar e a energia fornecida pelo sol [12, 26, 29]. Para além de refletir o desempenho da própria célula solar, a eficiência depende do espetro e da intensidade da luz solar incidente e da temperatura da célula solar. Por conseguinte, as condições em que a eficiência é medida devem ser cuidadosamente controladas, a fim de comparar o desempenho de um dispositivo com outro. Atualmente, a eficiência de conversão de energia de uma célula solar, η, é dada por [12]

$$\eta(\%) = P_{mp}P_{in} = \frac{V_{oc}J_{sc}FF}{P_{in}}$$ (2.4)

A potência de entrada, Pin, da célula solar é considerada como 1000 W/m^2 ou 0,1 W/cm^2.

A fotocorrente gerada por uma célula solar sob iluminação em curto-circuito depende da luz incidente. Para associar a densidade de fotocorrente, Jsc , ao espetro incidente, precisamos da eficiência quântica da célula, (QE). A QE é o número de pares eletrão-buraco gerados por fotão incidente na célula solar. Quando medida com um circuito externo, esta quantidade é também referida como a eficiência quântica externa, EQE. A EQE é a probabilidade de um fotão incidente de energia E enviar um eletrão para o circuito externo [31]. É frequentemente medida para comprimentos de onda, λ, na gama de 300 nm a 1300 nm. A densidade da corrente de curto-circuito pode ser calculada a partir da medição

$$J_{sc} = \int_0^{\infty} EQE(\lambda)\Phi(\lambda)d\lambda$$ (2.5)

como onde Φ é o fluxo de fotões no espetro AM 1.5.

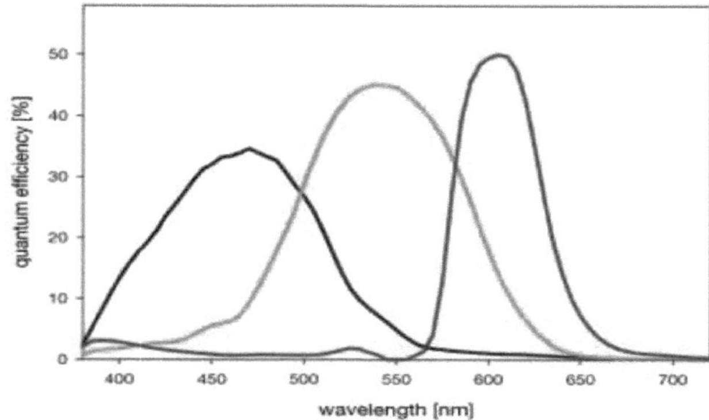

Figura 2.12: Curvas de eficiência quântica de uma célula solar

A irradiância espetral em função do comprimento de onda do fotão (ou energia), denotada por F, é a forma mais comum de caraterizar uma fonte de luz. Fornece a densidade de potência num determinado comprimento de onda. As unidades de irradiância espetral são em $Wm^{-2}\ \mu m^{-1}$ [34]. A Figura 2.13 indica a irradiância espetral das fontes de luz artificiais (eixo da esquerda) em comparação com a irradiância espetral do Sol (eixo da direita).

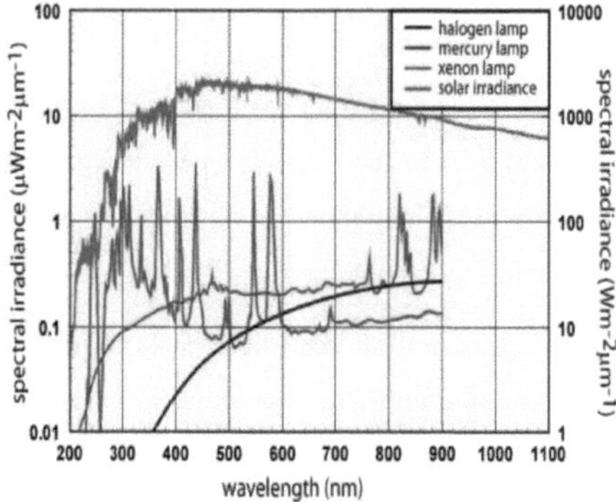

Figura 2.13: Irradiância espetral

A resposta espetral é concetualmente semelhante à eficiência quântica. A eficiência quântica indica o número de electrões produzidos pela célula solar em comparação com o número de fotões incidentes no dispositivo, enquanto a resposta espetral é o rácio entre a corrente gerada pela célula solar e a potência incidente na célula solar. A resposta espetral pode ser calculada da seguinte forma [35]

$$SR = \frac{q\lambda}{hc}QE \qquad (2.6)$$

No entanto, uma curva de resposta espetral é apresentada na Figura 2.14. A resposta espetral é importante, uma vez que é a resposta espetral que é medida numa célula solar e, a partir dela, é calculada a eficiência quântica. A eficiência quântica pode ser determinada a partir da resposta espetral, substituindo a potência da luz num determinado comprimento de onda pelo fluxo de fotões para esse comprimento de onda.

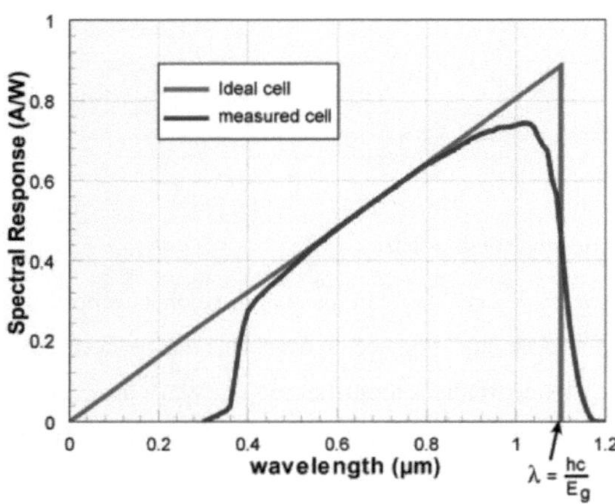

Figura 2.14: Resposta espetral de uma célula solar de silício sob vidro

A probabilidade de recolha descreve a probabilidade de um portador gerado pela absorção de luz numa determinada região do dispositivo ser recolhido pela junção p-n [36] e, por conseguinte, contribuir para a corrente gerada pela luz, mas a probabilidade depende da distância que um portador gerado pela luz tem de percorrer em comparação com o comprimento de difusão.

A equação para a densidade de corrente gerada pela luz (JL), com uma taxa de geração arbitrária (G(x))e probabilidade de recolha (CP(x)), é mostrada abaixo, tal como a taxa de geração no silício devido ao espetro solar AM1.5:

$$J_L = q \int_0^W G(x)CP(x)dx \qquad (2.7)$$

Onde q é a carga eletrónica e W é a espessura do dispositivo.

O intervalo de bandas de um semicondutor é a energia mínima necessária para excitar um eletrão [1, 2, 37] que está preso no seu estado ligado para um estado livre onde pode participar na condução. A estrutura de bandas de um semicondutor indica a energia dos electrões no eixo y e é designada por "diagrama de bandas", como mostra a Figura 2.15.

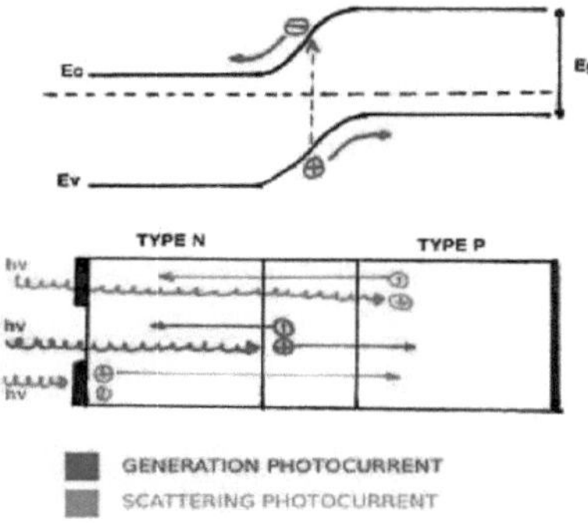

Figura 2.15: Diagrama de bandas de energia para células solares de película fina

O nível de energia mais baixo de um semicondutor é designado por "banda de valência" (EV) e o nível de energia em que um eletrão pode ser considerado livre é designado por "banda de condução" (EC). O "band gap" (EG) é a diferença de energia entre o estado ligado e o estado livre, entre a banda de valência e a banda de condução [38]. Por conseguinte, o "band gap" é a variação mínima de energia necessária para excitar o eletrão de modo a que este possa participar na condução.

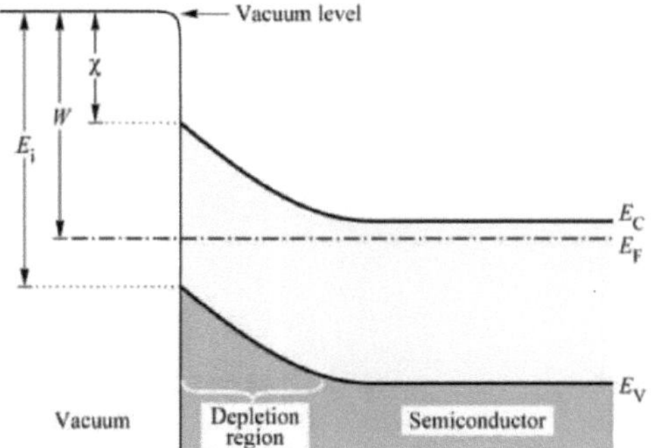

Figura 2.16: Diagrama de bandas de uma interface semicondutor-vácuo

A regra de Anderson é utilizada para a construção de diagramas de bandas de energia da heterojunção entre dois materiais semicondutores. É também referida como a regra da afinidade eletrónica. A regra de Anderson foi descrita pela primeira vez por R. L. Anderson em 1960 [39]. O modelo de afinidade eletrónica é o modelo mais antigo utilizado para calcular os desvios de banda em heteroestruturas semicondutoras. Este modelo demonstrou dar previsões exactas para os desvios de banda em várias heteroestruturas semicondutoras, enquanto que noutras o modelo falha [37-39].

O diagrama de bandas de uma interface semicondutor-vácuo está representado na figura 2.16, em que χ denota a afinidade eletrónica, W é a função trabalho e Ei é a energia de ionização de um semicondutor.

A regra de Anderson estabelece que, ao construir um diagrama de bandas de energia, os níveis de vácuo dos dois semicondutores de cada lado da heterojunção devem estar alinhados (com a mesma energia). O modelo de Anderson não consegue indicar os desvios de banda reais em heterojunções de semicondutores reais devido a alguns parâmetros como a tensão, as energias de deslocação e a forma como as redes se alinham na interface [40].

2.5 Conclusão

O aumento do mercado e do perfil da energia fotovoltaica significa que mais aplicações do que nunca são "alimentadas por energia fotovoltaica". Estas aplicações vão desde centrais eléctricas de vários megawatts até às omnipresentes calculadoras solares. Após o estudo, compreendemos a função dos semicondutores no contexto da energia fotovoltaica e aprendemos sobre os diferentes tipos de células solares. Também descobrimos o mecanismo estrutural da célula solar de CdTe e as características de saída das células fotovoltaicas.

Chapter 3

Modelação numérica e metodologia

Neste capítulo, são apresentados os pormenores fundamentais da ferramenta de simulação utilizada para realizar este estudo. Além disso, também se dá ênfase à determinação dos parâmetros de entrada utilizados na simulação do dispositivo da célula solar de CdTe. Por fim, a discussão é concluída com a descrição do procedimento experimental.

3.1 Simulador ADEPT 2.1

O software de simulação unidimensional ADEPT/F 2.1 [6] é utilizado para simular as características eléctricas de dispositivos semicondutores hetero-estruturados. O programa resolve a equação de Poisson em conjunto com as equações de continuidade dos buracos e dos electrões numa dimensão espacial.

O diagrama de bandas de energia, as características I-V escuras, as características I-V claras, a distribuição do campo elétrico e a resposta espetral das células solares, etc., podem ser calculados por este software. O software ADEPT utiliza como dados de entrada diferentes parâmetros do material da camada, como a espessura, o intervalo de banda, a mobilidade, a afinidade eletrónica, etc. Os dispositivos semicondutores heteroestruturados construídos a partir de qualquer material para o qual estes parâmetros também podem ser simulados.

O ADEPT 2.1 pode ser utilizado para modelar células solares simples (Si, GaAs), células solares de película fina (a-Si, CdTe, CIS, CIGS) e células solares multijunção. Para além disso, o ADEPT pode ser utilizado na interpretação de medições de caraterização de dispositivos e materiais, para além da resposta espetral e da resposta IV à luz e ao escuro.

A investigação numérica envolvida na modelação do dispositivo da célula solar de CdTe é efectuada utilizando o simulador ADEPT 2.1 [6]. O perfil do intervalo de banda em estado estacionário, o perfil de recombinação, o transporte de portadores de electrões e buracos são calculados utilizando a equação de Poissons e as equações de continuidade dos electrões e buracos dadas a seguir [41]:

$$\frac{d}{dx}\left(-\varepsilon(x)\frac{d\Psi}{dx} \right) = q[p(x) - n(x) + N_D^+(x) - N_A^-(x) + P_t(x) - N_t(x)] \qquad (3.1)$$

$$\frac{dn_p}{dt} = G_n - \frac{n_p - n_{p0}}{\tau_n} + n_p\mu_n\frac{d\xi}{dx} + \mu_n\xi\frac{dn_p}{dx} + D_n\frac{d^2 n_p}{dx^2} \qquad (3.2)$$

$$\frac{dp_n}{dt} = G_p - \frac{p_n - p_{n0}}{\tau_p} + p_n\mu_p\frac{d\xi}{dx} + \mu_p\xi\frac{dp_n}{dx} + D_p\frac{d^2 p_n}{dx^2} \qquad (3.3)$$

em que ε é a permissividade, Ψ o potencial eletrostático, q a carga do eletrão, n o eletrão livre, p o buraco livre, N_A^- a concentração do aceitador, $N^+{}_D$ a concentração do dador, ξ o campo elétrico, Nt o eletrão preso, Pt o buraco preso, G_p a taxa de geração de orifícios, G_n a taxa de geração de electrões, μ_p a mobilidade dos orifícios, μ_n a mobilidade dos electrões, D_p o coeficiente de difusão dos orifícios, D_n o coeficiente de difusão dos electrões, e todos os parâmetros são uma função da posição coordenada x.

Para defeitos em massa, a densidade de corrente de recombinação é determinada pela abordagem de modelação Shockley- Read-Hall (SRH) e, para defeitos de interface, é aplicada uma extensão da abordagem de modelação SRH. O modelo SRH para defeitos de interface permite que os portadores das bandas de valência e de condução participem no processo de recombinação das interfaces [42].

A simulação resulta em gráficos que incluem características de capacitância-tensão, decaimento da tensão de circuito aberto/corrente de curto-circuito e medições do tempo de vida através da modulação ótica de feixe duplo (DBOM). Medidas de caraterização como estas, e a sua interpretação correcta, são importantes para o desenvolvimento de células solares de elevada eficiência [6, 12, 29]. O ficheiro de entrada contém uma série de diktats que podem ser das seguintes formas:

diktatname var1 = value1 var2 = string2
+ array1 = val1/va2/va3

O nome do ditame e a marca de continuação (+) devem começar na coluna 1. Os enunciados podem ter qualquer número de linhas. Qualquer linha que comece com um espaço em branco ou um \$ é ignorada. As expressões de atribuição devem ser separadas por um espaço ou uma vírgula, como indicado acima. As expressões de atribuição não podem conter espaços incorporados. As variáveis têm 3 tipos: número, cadeia de caracteres ou vazio [6]. Todos os parâmetros de entrada podem ser definidos no ADEPT 2.1 como um ficheiro de entrada que é mostrado na Figura 3.1.

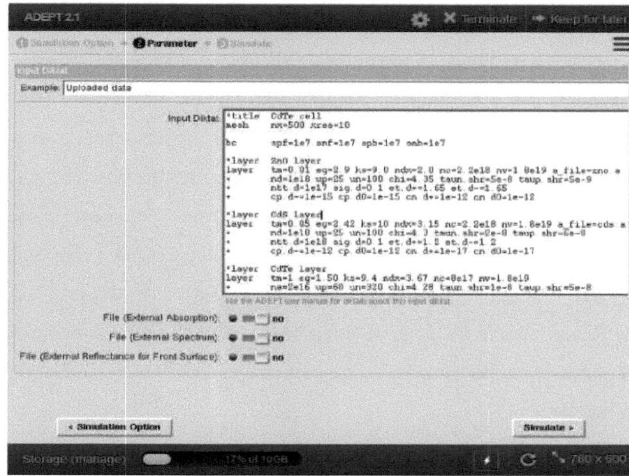

Figura 3.1: Diktat de entrada do ADEPT 2.1 para célula solar CdS/CdTe/ZnTe

O ficheiro de saída contém informações sobre diferentes características, tais como eficiência de conversão de energia, características I-V, diagrama de banda de energia, concentração de dopagem, Voc , Jsc , Vmp , Jmp , FF, eficiência de recolha, eficiência quântica, etc.

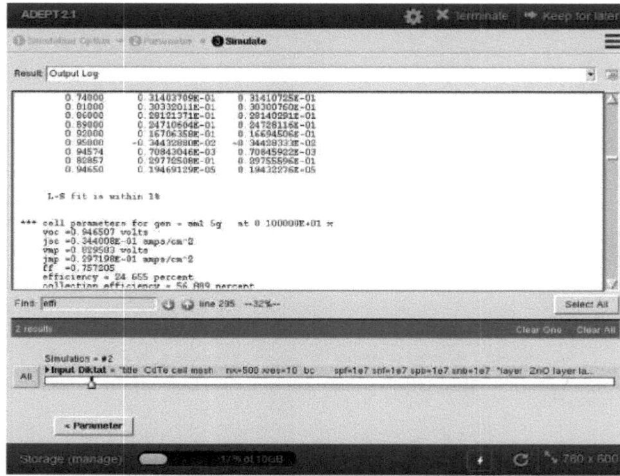

Figura 3.2: Registo de saída do ADEPT 2.1 para a célula solar CdS/CdTe/ZnTe

Depois de executar a simulação, é possível encontrar o registo de saída e as diferentes curvas características, etc. Por defeito, o registo de saída é apresentado como na Figura 3.2.

Utilizando este simulador, vários investigadores realizaram uma série de pesquisas. Chavali et al.

(2017) lidaram consistentemente com o efeito do gap de eficiência célula-módulo descoberto na célula solar de heterojunção a-Si / c-Si, examinando a estrutura de modelagem processo-módulo [43]. Haque e Galib (2013) mostraram que a escolha do material da camada absorvente com densidade de dopagem optimizada e a medição da espessura de diferentes camadas são passos cruciais para obter 20% de eficiência celular para células solares de película ultrafina baseadas em semicondutores III-V [29]. Além disso, utilizando este simulador, os impactos do intervalo de banda do absorvedor e do nível de dopagem de cada camada da célula solar Cu(In1 xGax)Se2 (CIGS) foram avaliados através das consequências da velocidade de deriva e da taxa de recombinação [44]. Asaduzzaman, Hosen, Ali, & Bahar (2017) também realizaram uma simulação de células solares CIGS com diferentes camadas tampão e compararam os resultados simulados com os trabalhos experimentais na literatura [45].

3.2 Arquitetura proposta

Para o estudo de simulação, foi proposto o modelo CdTe constituído por camadas n-ZnO/n-CdS/p-CdTe/p-ZnTe fabricadas com um contacto traseiro metálico e um superstrato de vidro.

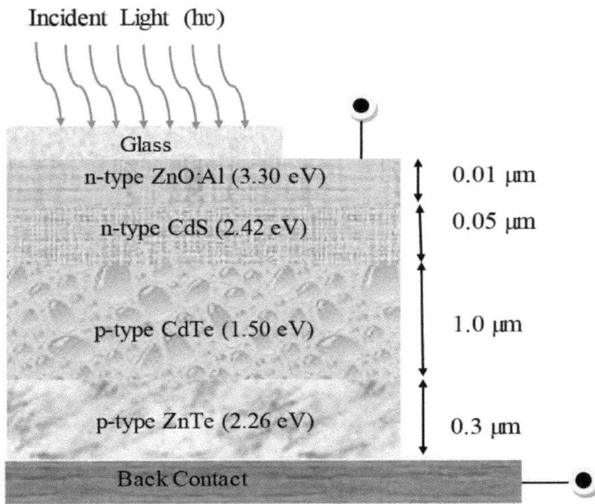

Figura 3.3: Diagrama esquemático da célula solar de película fina CdS/CdTe/ZnTe

O principal objetivo desta investigação é investigar o potencial de dispositivos mais finos, com menor consumo de material e, por conseguinte, mais baratos. Neste estudo, são fabricados e caracterizados dispositivos com espessuras de CdTe entre 0,3 e 1,5 µm, de modo a compreender melhor a interação entre as diferentes camadas e interfaces. O trabalho experimental é acompanhado pela modelação do dispositivo no programa ADEPT 2.1 [6]. Uma parte importante deste estudo é a comparação entre o desempenho das células solares de CdTe propostas e a célula de referência. A Figura 3.3 mostra um diagrama esquemático da célula solar convencional de CdS/CdTe. Antes de efetuar as simulações, são escolhidos valores por defeito para os parâmetros do dispositivo de cada camada.

3.3 Metodologia de investigação

A simulação numérica das células solares n-ZnO/n-CdS/p-CdTe/p-ZnTe é um passo crucial na análise da sua estrutura e propriedades. Os parâmetros físicos que foram utilizados na simulação das células solares CdS/CdTe/ZnTe são apresentados na tabela 3.1 e na tabela 3.2 [7, 42-52]. A simulação foi efectuada com estes valores por defeito. Posteriormente, foi calculada a eficiência máxima para esta estrutura, determinando a espessura óptima da camada absorvente e da camada BSF e variando os materiais da camada tampão.

Tabela 3.1: Valores por defeito dos parâmetros do dispositivo

Parâmetros	n-ZnO:Al	n-CdS	p-CdTe	p-ZnTe
Intervalo de banda (eV)	3.3	2.42	1.50	2.26
Espessura (m)	0.01	0.05	1.2	0.1
Índice de refração	2	3.15	3.67	4.0
Afinidade eletrónica (eV)	4.35	4.3	4.28	3.5
Constante dieléctrica	9.0	10.0	9.4	9.67
Mobilidade dos orifícios (cm^2/Vs)	25	25	60	80
Mobilidade dos electrões (cm^2/Vs)	100	100	320	330
Massa efectiva dos electrões, $mn*/m0$	0.27	0.17	0.25	0.13
Massa efectiva dos buracos, $mp*/m0$	0.59	0.70	0.70	0.60
Densidade de estados efectiva da banda de valência (cm^{-3})	1.8×10^{19}	1.8×10^{19}	1.8×10^{19}	2×10^{19}
Densidade de estados efectiva da banda de condução (cm^{-3})	2.2×10^{18}	2.2×10^{18}	8×10^{17}	7×10^{16}
Concentração de dadores (cm^{-3})	2×10^{17}	5×10^{17}	0	0
Concentração do aceitador (cm^{-3})	0	0	2×10^{16}	1×10^{18}

Tabela 3.2: Valores paramétricos da camada de contacto utilizados para a simulação do dispositivo

Parâmetros	Contacto frontal	Contacto posterior
Altura da barreira, φb (eV)	1.9	0.03
Velocidade de recombinação dos electrões (cms^{-1})	1×10^7	1×10^7
Velocidade de recombinação dos orifícios (cms^{-1})	1×10^7	1×10^7

| Coeficiente de reflexão | 0.2 | 0.9 |

No entanto, os diferentes parâmetros do material da camada tampão utilizados na simulação do dispositivo hetero-estruturado n-ZnO/n-tampão/p- CdTe/p-ZnTe estão listados na tabela 3.3 [53-58]. A simulação foi efectuada sob iluminação AM1.5G para explicar a luz solar incidente. Assim, a irradiância solar na Terra foi considerada como 1000 W/m^2 ou 0,1 W/cm^2 . A temperatura é definida como 300 K para obter um resultado optimizado. As simulações foram efectuadas variando apenas o parâmetro específico e mantendo os outros parâmetros por defeito. As propriedades materiais e eléctricas de cada camada foram extraídas de algumas fontes fiáveis de simulações numéricas e trabalhos experimentais [35-48].

Tabela 3.3: Parâmetros de base de diferentes materiais da camada tampão

Parâmetros	n-Zn$_x$Cd$_{1-x}$S (x=0,15)	n-SnS2	p-ZnSe
Intervalo de banda (eV)	2.58	2.24	2.71
Espessura (m)	0.01	0.1	0.04
Índice de refração	3.37	3.15	2.40
Afinidade eletrónica (eV)	4.38	4.24	4.09
Constante dieléctrica	9.3	13.3	10.0
Mobilidade dos furos (cm^2/Vs)	30	20	20
Mobilidade dos electrões (cm^2/Vs)	85	50	60
Densidade de estados efectiva da banda de valência (cm^{-3})	1.7×10^{19}	1.7×10^{19}	1.8×10^{18}
Densidade de estados efectiva da banda de condução (cm^{-3})	2.1×10^{18}	2.1×10^{18}	1.5×10^{18}
Concentração do transportador, Na ou Nd (cm^{-3})	1.7×10^{16}	1×10^{17}	1×10^{16}

Posteriormente, a eficiência mais elevada desta estrutura foi calculada determinando a espessura óptima da camada absorvente e inserindo o material de elevado intervalo de banda ZnTe como camada BSF, variando também a espessura e a concentração de dopagem destas camadas. Para além do CdS convencional, foram analisadas diferentes camadas tampão potenciais (ZnxCd1-xS, SnS2 e ZnSe) [55-60]. Finalmente, a eficiência foi calculada utilizando os valores optimizados e, consequentemente, foi obtido o melhor desempenho.

Assim, para analisar a eficiência da célula solar CdS/CdTe/ZnTe, seguimos a metodologia subsequente:

Estudar a literatura e os trabalhos de investigação sobre a medição da eficiência com a alteração dos parâmetros do dispositivo em diferentes células solares.

- Investigar os métodos existentes para otimizar a eficiência da célula solar de heterojunção.

- Análise e conceção do sistema proposto.

- Implementação do projeto proposto com o simulador Adept/F 1D, que é utilizado para simular as características eléctricas de uma célula solar.

3.4 Conclusão

A conceção inicial e a simulação da célula solar CdS/CdTe/ZnTe foram efectuadas com competência. Simulador ADEPT 1D Caracterizar adequadamente o dispositivo semicondutor hetero-estruturado. Este capítulo apresenta uma análise exaustiva da simulação com dados e figuras relevantes. Por conseguinte, o material CdTe tem um forte potencial para ser utilizado como camada absorvente em células solares de CdS/CdTe/ZnTe.

Chapter 4

Análise e comparação de resultados

Este capítulo descreve o efeito da espessura da camada absorvente no desempenho das células solares de CdTe. O resultado ótimo devido à espessura óptima também é calculado. O efeito da camada BSF de ZnTe também é descrito neste capítulo. Também é discutido o modo como a espessura e a concentração de dopagem desta camada afectam o desempenho da célula, incluindo o perfil de recombinação, a tensão de circuito aberto, a corrente de curto-circuito, o fator de enchimento, a eficiência, etc. O capítulo termina com a apresentação do resultado ótimo e a sua comparação com trabalhos de investigação anteriores. Neste contexto, o presente capítulo explica sucintamente os resultados experimentais obtidos com esta experiência.

4.1 Otimização do desempenho do dispositivo

Nas células solares de CdTe, o sulfureto de cádmio (CdS) actua como uma fina camada tampão e o ZnO dopado é utilizado para desenvolver contactos transparentes e revestimentos antirreflexo. Mas os contactos posteriores expressam um comportamento não óhmico nas características J-V da célula de CdTe [51]. Esta situação é conhecida como barreira de Schottky, que reduz o desempenho da célula solar. Assim, o ZnTe foi introduzido como semicondutor intermédio para aumentar a condutividade com uma barreira de tunelamento.

4.1.1 Resultado da simulação para valores por defeito dos parâmetros

Foi efectuada uma simulação ADEPT 1D para determinar a espessura e o intervalo de banda adequados das camadas de CdTe e ZnTe, utilizando o número de parâmetros variáveis adoptados de [20, 21]. A simulação foi efectuada com os valores predefinidos utilizados nas Tabelas 3.1 e 3.2 e foi obtido um gráfico das características J-V, como mostra a Figura 4.1. Os valores da tensão de circuito aberto (Voc = 940,79 mV) e da corrente de curto-circuito (J_{sc} = 28,26 mA/cm^2) foram obtidos a partir da curva. Em seguida, o fator de enchimento (FF) e a eficiência (η) foram calculados como 76,92 e 20,45 % respetivamente.

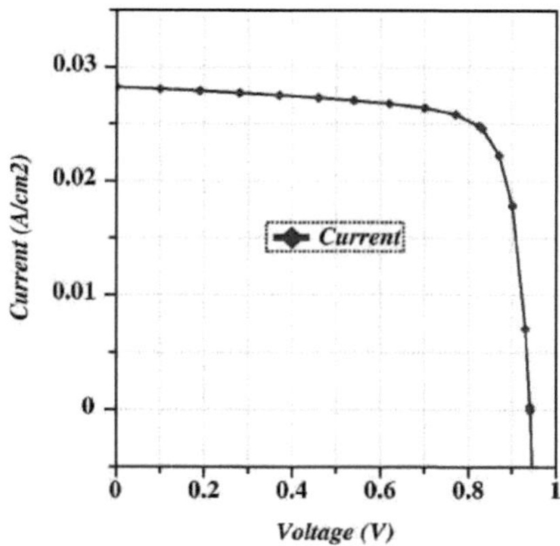

Figura 4.1: Curva das características J-V para valores por defeito da célula solar de CdTe

4.1.2 Efeito da camada absorvente nas células solares de CdTe

Neste artigo, foi simulada uma célula solar de CdTe com uma espessura de camada absorvente de 1 μm e um intervalo de banda de 1,50 eV [11]. A espessura da camada absorvente é um dos parâmetros importantes devido ao seu efeito na utilização e no custo do material. Pode afetar o desempenho das células de CdTe. Numa camada absorvente fina, o contacto posterior está localizado perto da região de depleção e os fotões de entrada com menor energia são absorvidos profundamente na camada absorvente. Assim, uma parte dos portadores fotogerados será recombinada no contacto posterior e, consequentemente, diminuirá o desempenho da célula [46, 47].

Tabela 4.1: Variação de desempenho devido à espessura do absorvedor

Espessura da camada absorvente (μm)	$Jsc(mA/cm^2)$	Voc (V)	FF (%)	η (%)
0.3	30.005	938.9	69.84	17.923
0.5	32.705	940.5	72.66	19.830
0.7	34.001	942.4	73.09	21.846
0.9	34.401	944.9	74.59	23.849
1.0	34.321	946.5	75.72	24.655
1.1	34.259	945.9	75.73	24.532
1.3	33.999	945.3	75.78	23.973
1.5	27.475	945.2	76.29	23.560

Neste estudo, a espessura da camada absorvente de CdTe foi alterada de 0,3 μm para 1,5 μm ao longo da simulação. A variação dos parâmetros de saída das células devido ao aumento da espessura da camada absorvente é apresentada na Figura 4.2. Os resultados indicam que o funcionamento geral da célula aumenta à medida que a espessura da camada absorvente aumenta. A Tabela 4.1 mostra a variação do desempenho da célula devido à alteração da espessura do absorvedor de CdTe.

A partir da Figura 4.2, pode concluir-se que a espessura da camada absorvente não pode ser aumentada excessivamente e que continua a ser necessária uma otimização. O desempenho ótimo foi encontrado com 1 m de espessura da camada absorvente de CdTe. Obteve-se uma tensão de circuito aberto (Voc) de 946,50 mV, enquanto a densidade de corrente de curto-circuito (Jsc) é de 34,40 mA/cm^2 . Consequentemente, o fator de preenchimento é calculado como 75,72%, o que, por sua vez, resulta numa eficiência de conversão de 24,66%. Observa-se que, para espessuras superiores a 1 μm, V_{oc} , J_{sc} , FF e η aumentam marginalmente e, por vezes, diminuem.

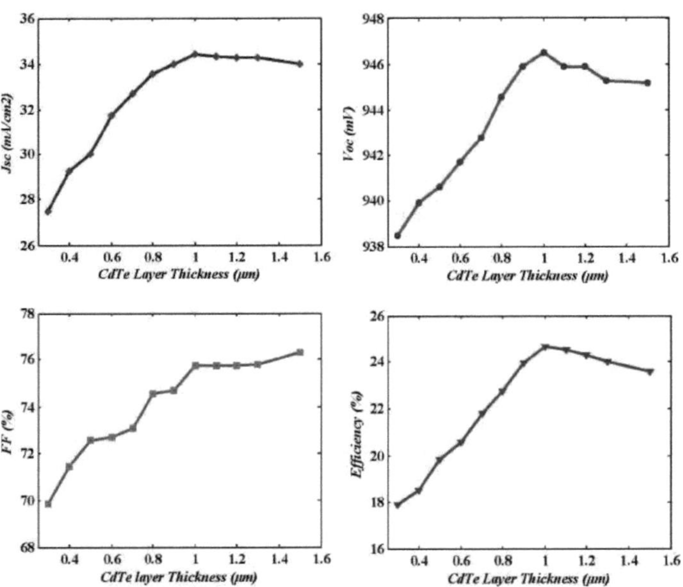

Figura 4.2: Efeito da espessura do CdTe nos parâmetros de desempenho da célula solar

De facto, ao aumentar ainda mais a espessura da camada absorvente, um certo número de fotões recebidos será absorvido pela camada absorvente e os portadores resultantes não poderão atingir a região de carga espacial. Assim, a possibilidade de recombinação em massa pode aumentar devido ao aumento da espessura da camada absorvente [5,7, 50-53].

4.1.3 Efeito da camada BSF no desempenho de células ultrafinas de CdS/CdTe

A fim de fabricar uma célula solar CdS/CdTe eficiente e estável a longo prazo, os principais desafios estão associados à formação de um contacto de baixa resistência, estável e não rectificante com a película fina de CdTe do tipo p [52, 53]. A principal diferença entre as células de película fina e as mais espessas é que a interface de contacto posterior se situa mais perto da junção CdS/CdTe. Isto estabelece claramente que, nas células de CdTe finas, a recombinação de portadores ocorre perto do contacto traseiro. Assim, a escolha do material de contacto posterior tem, consequentemente, um grande impacto no desempenho da célula.

O passo inicial da análise foi diminuir a espessura da camada absorvente de CdTe e adicionar uma camada de ZnTe para reduzir a altura da barreira de contacto posterior e a perda de recombinação na superfície posterior da célula ultrafina. Nesta investigação, foi introduzido um material de grande intervalo de banda ZnTe ($Eg = 2,26$ eV) como camada inferior no contacto posterior, criando uma interface de hetero-junção CdTe/ZnTe para suprimir a possível perda de recombinação no contacto posterior das células solares ultrafinas de CdTe [51].

Tabela 4.2: Variação do desempenho devido à espessura da camada de ZnTe

Espessura da camada de ZnTe (μm)	Voc (V)	Jsc(mA/cm$)^2$	FF (%)	η (%)
0.01	940.980	28.694	77.1640	20.84
0.05	941.534	29.455	76.5871	21.24
0.09	941.817	29.838	76.3128	21.45
0.1	941.871	29.912	76.2621	21.49
0.2	942.160	30.314	75.9988	21.71
0.3	942.398	30.639	75.7830	21.88
0.5	942.673	31.024	75.5381	22.09
0.8	942.919	31.371	75.3293	22.28

A simulação foi efectuada para variar a espessura da camada de ZnTe entre 0,01 m e 0,5 m. Os resultados da simulação são apresentados na Tabela 4.2 e mostram que, com 0,3 m de espessura, a eficiência de conversão de energia é óptima. A Figura 4.3 mostra o efeito da espessura de ZnTe no desempenho da célula de CdTe.

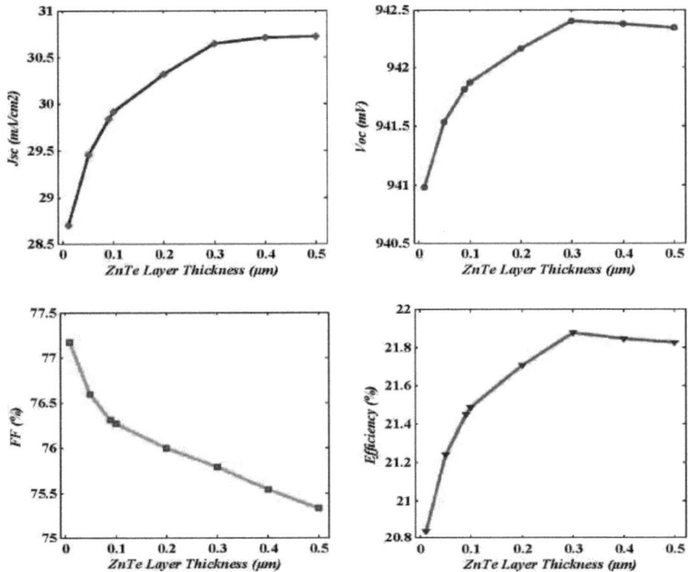

Figura 4.3: Efeito da espessura da camada de ZnTe BSF no desempenho da célula

A camada de ZnTe actua como um campo de superfície posterior (BSF) que limita o fluxo de portadores minoritários da base para a superfície posterior da célula. Durante a simulação, a concentração de dopagem de ZnTe foi mantida fixa em 1×10^{18} cm^{-3} devido ao elevado campo elétrico incorporado e ao elevado nível de absorção.

4.1.4 Efeito da concentração de dopagem da camada de ZnTe na eficiência da célula

Na estrutura proposta, a concentração de dopagem da camada de ZnTe variou entre 1×10^{12} cm^{-3} e 1×10^{20} cm^{-3} e as respectivas eficiências foram calculadas para determinar o nível ótimo de dopagem através da análise dos resultados. A Figura 4.4 mostra a variação da concentração de dopagem da camada de ZnTe e o seu efeito na eficiência da célula de CdTe. No início, a eficiência aumentou com a concentração de dopagem da camada de ZnTe. Mas depois de atingir 1×10^{16} cm^{-3} , a eficiência da célula de concentração diminui. Por conseguinte, a densidade de dopagem óptima da camada BSF de ZnTe foi determinada como 1×10^{16} cm^{-3} [49-53].

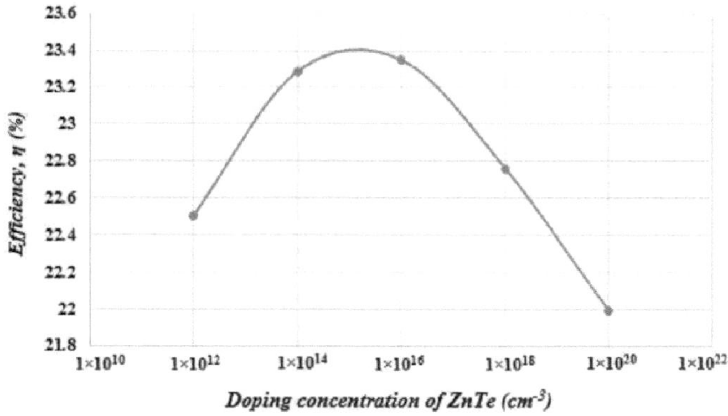

Figura 4.4: Variações da eficiência em função da concentração de dopagem da camada de ZnTe

4.1.5 Medição da eficiência quântica

A eficiência quântica externa (EQE) foi derivada em função do comprimento de onda. A resposta espetral para diferentes células de CdTe da simulação ADEPT 1D é apresentada na Figura 4.5. O comprimento de onda de funcionamento varia entre 300 nm e 1100 nm. Em comprimentos de onda mais longos, o QE é zero devido à energia dos fotões abaixo do intervalo de separação.

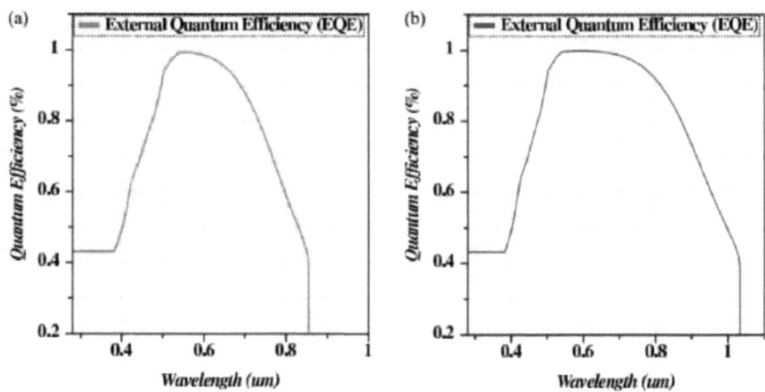

Figura 4.5: Curva EQE das células (a) sem e (b) com camada BSF de ZnTe

O gráfico mostra que a resposta espetral da célula CdTe/ZnTe é frequentemente superior à da célula CdS/CdTe. É também evidente que a camada de ZnTe pode aumentar os portadores, reflectindo-os de volta para a interface CdS/CdTe [59]. Ao medir o espetro de eficiência quântica, o J_{sc} aumentou do valor de 24,47 mA/cm² (sem ZnTe) para 35,01 mA/cm² (com ZnTe), melhorando assim a eficiência da célula solar de CdTe.

4.1.6 Efeito de diferentes camadas de tampão no desempenho da célula

Os parâmetros de base da tabela 3.3 foram preferidos como ponto de partida para esta investigação. Para além do CdS convencional, foram analisadas diferentes camadas tampão potenciais: ZnxCd1-xS, SnS2 e ZnSe. A Figura 4.6 demonstra as características J-V simuladas para diferentes camadas tampão, com as condições de iluminação AM1.5G.

A figura mostra que a célula com camada de CdS obteve uma densidade de corrente de curto-circuito de 32,66 mA/cm^2 . A simulação com a camada de SnS2 mostra que foi obtida uma tensão de circuito aberto (Voc) de 949,87 mV, enquanto a densidade de corrente de curto-circuito (Jsc) é de 30,77 mA/cm^2 . O SnS2 foi descrito como um material intrínseco do tipo n, com condutividades que variam entre 107 e 0,90 Ω^{-1} cm^{-1} , um intervalo de energia de 1,82-2,41 eV, mobilidades electrónicas de 15 a 52 cm^2 V^{-1} s^{-1} e concentrações de portadores de 10^{13} a 10^{17} cm^{-3} [58]. Embora o material semicondutor ZnSe apresente um intervalo de banda mais largo (2,71 eV) do que o CdS, neste estudo o Jsc diminui para 30,77 mA/cm^2 .

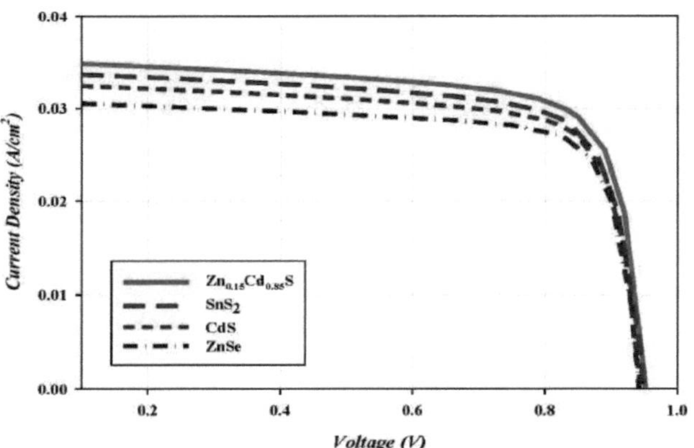

Figura 4.6: Curva das características J-V com diferentes camadas tampão de uma célula solar de CdTe

Foram efectuados vários estudos [5, 54-57] sobre o material ZnxCd1-xS para investigar o resultado da concentração de Zn nos parâmetros de saída da célula [55]. Por conseguinte, o valor de x é escolhido para 0,15, uma vez que apresenta uma elevada eficiência de conversão com baixa resistividade [56]. A partir dos resultados simulados, propõe-se que o composto Zn0.15Cd0.85S seja uma alternativa proeminente à camada de CdS na célula de CdTe, uma vez que o Zn0.15Cd0.85S atingiu o Jsc mais elevado de 34,75 mA/cm^2 . A tabela 4.3 contém todos os parâmetros de saída (Jsc, η, Voc e FF) da célula solar baseada no absorvedor de CdTe com diferentes camadas tampão.

Tabela 4.3: Parâmetros de saída para diferentes materiais da camada tampão

Parâmetros de saída	CdS	Zn0,15 Cd0,85 S	SnS2	ZnSe
Jsc (mA/cm$)^2$	32.66	34.75	33.91	30.77
Voc (V)	944.62	951.72	949.87	942.79
FF (%)	75.06	74.26	73.73	76.64
η (%)	23.16	24.56	23.75	22.23

É evidente que as células solares com camada tampão Zn0,15 Cd0,85 S, SnS2 e CdS estabelecem uma elevada eficiência de conversão, enquanto a camada ZnSe apresenta a menor eficiência de conversão.

4.1.7 Comparação de diagramas de bandas de energia

Um diagrama simplificado de bandas de energia utilizado para descrever semicondutores. Nesta investigação, a regra de Anderson foi utilizada para construir diagramas de bandas de energia para cada semicondutor. De acordo com a regra de Anderson, os níveis de vácuo dos dois semicondutores de cada lado da heterojunção devem estar alinhados no mesmo lado [37-40]. Por conseguinte, os valores da afinidade eletrónica e do intervalo de bandas para cada semicondutor foram utilizados para calcular os desvios da banda de condução e da banda de valência.

As tabelas de dados descritas no capítulo anterior fornecem a "afinidade eletrónica", pelo que a regra da "afinidade eletrónica de Anderson" foi utilizada para desenhar o "diagrama de bandas de energia" para a estrutura do dispositivo simulado, como demonstrado na figura 4.7. Neste caso, o nível de referência é o "nível de vácuo".

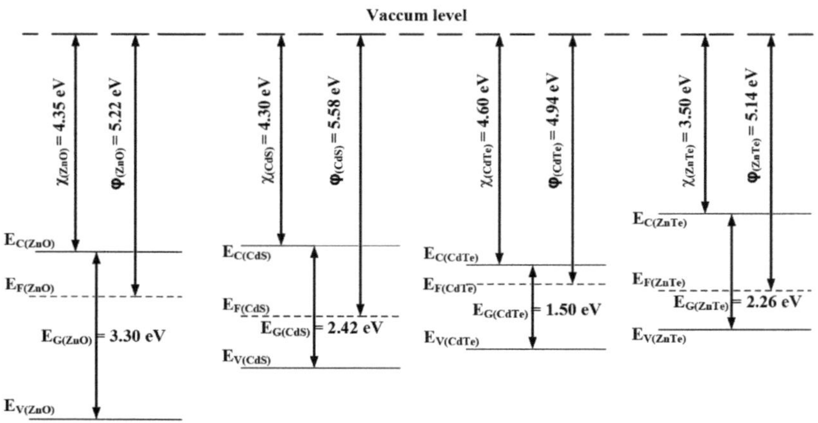

χ = Electron Affinity; φ = Work Function; E$_C$ = Conduction Band; E$_V$ = Valance Band; E$_F$ = Fermi Level; E$_G$ = Band gap

Figura 4.7: Diagrama de bandas de energia utilizando a regra da afinidade eletrónica de Anderson (nível de vácuo como nível de referência)

Embora a "afinidade eletrónica de Anderson" seja adequada para sistemas "ideais", não é válida para dispositivos fotovoltaicos de película fina com numerosos defeitos. Neste caso, pode ocorrer a fixação do "nível de Fermi", pelo que é sensato utilizar o "nível de Fermi" como nível de referência. Foi descrito um diagrama de bandas de energia utilizando o "nível de Fermi" como nível de referência. A figura 4.8 mostra o diagrama de bandas de energia para toda a estrutura da célula solar de CdTe.

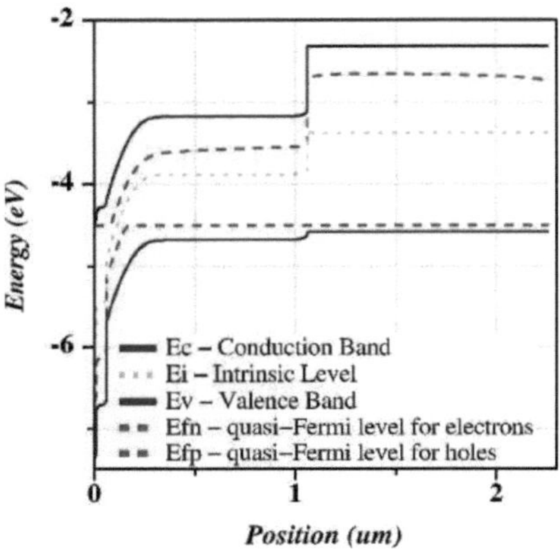

Figura 4.8: Diagrama de bandas de energia (nível de Fermi como nível de referência)

O diagrama de bandas de energia mostra que a camada BSF de ZnTe é extremamente benéfica para a reflexão de portadores minoritários. Os dois diagramas de bandas de energia mostram a comparação entre os diagramas de bandas de cada semicondutor.

4.2   Resultado optimizado

A partir da análise, a espessura da camada absorvente é otimizada como 1 µm. A inserção de uma camada de ZnTe de 0,3 µm de espessura contribui para produzir uma eficiência potencialmente maior e a concentração de dopagem otimizada da camada de ZnTe é observada através da simulação do dispositivo que também fornece alta eficiência.

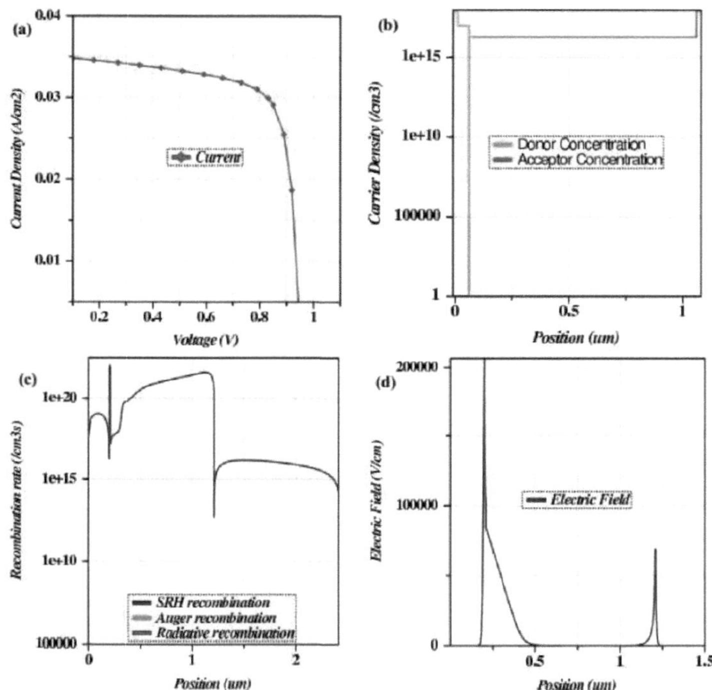

Figura 4.9: (a) Curva caraterística J-V (b) Concentração de dopagem e (c) Perfil de recombinação (d) Campo elétrico para valores óptimos da célula de CdTe

Os resultados da simulação demonstram que o **ZnxCd1-xS** (x=0,15) pode ser utilizado como material alternativo ao CdS, o que proporciona o melhor desempenho. Por conseguinte, a eficiência máxima da célula solar ZnCdS/CdTe/ZnTe foi calculada a partir dos resultados da simulação em 24,85 % com uma densidade de corrente de curto-circuito de 35,09 mA/cm^2 e uma tensão de circuito aberto de 952,07 mV. A figura 4.9 (a) representa a curva caraterística J-V para uma eficiência óptima, a figura 4.9 (b) determina as concentrações de dopagem, a figura 4.9 (c) descreve a taxa de recombinação e, finalmente, a figura 4.9 (d) demonstra o campo elétrico correspondente à espessura da célula de CdTe.

4.3 Comparação do resultado optimizado com trabalhos anteriores

Verifica-se que o fator de preenchimento (FF) resultante é calculado em 74,37% e a eficiência calculada η é de 24,85%, o que é comparativamente melhor do que os trabalhos publicados recentemente. A Tabela 4.4 mostra a comparação entre os parâmetros de saída de diferentes células de CdTe simuladas e a célula de referência. Observa-se na Tabela 4.4 que a célula convencional de

CdTe sem qualquer camada BSF apresenta uma eficiência de conversão de 17,52%. Quando o ZnTe é inserido como BSF, a eficiência de conversão aumenta para 24,85% e a densidade de corrente Jsc melhora um pouco devido à redução da perda de recombinação de portadores minoritários no contacto posterior.

Tabela 4.4: Comparação entre o desempenho da célula solar de CdTe proposta e da célula de referência

Descrição	Voc(mV)	Jsc(mA/cm^2))	FF (%)	η (%)
Célula de referência [50]	831.13	25.52	77.33	16.42
Célula de CdTe sem camada BSF	935.97	24.47	67.65	17.52
Célula de CdTe com camada BSF	952.07	35.09	74.37	24.85

4.4 Conclusão

No final deste capítulo pode dizer-se que o sistema atingiu a expetativa desejada. Na célula solar de CdTe, todas as outras camadas são muito mais finas. Assim, a redução da espessura do absorvedor para 1 m reduz consideravelmente o custo de fabrico. E a inserção da camada BSF aumenta a eficiência da célula. Finalmente, pode concluir-se que a simulação da célula solar de película fina de CdTe com a camada tampão Zn0.15Cd0.85S resulta numa maior eficiência do que outras composições. Posteriormente, as concentrações de dopagem das camadas componentes optimizadas em termos da velocidade de deriva do portador maioritário e da taxa de recombinação do portador minoritário resultam na maior eficiência de conversão da célula solar.

Chapter 5

Conclusão

Este capítulo apresenta uma visão geral da tese, que se baseia na investigação do efeito dos parâmetros do dispositivo e, por conseguinte, na análise do desempenho do dispositivo, sendo registado o resultado ótimo. A discussão resume as principais características desta investigação e os seus resultados.

5.1 Resumo

A estrutura foi simulada com contactos transparentes e a geração de portadores foi evidente nos gráficos de densidade de portadores e também no gráfico J-V apresentado no capítulo anterior. A simulação numérica da célula solar de película fina de CdTe foi efectuada com o simulador online unidimensional ADEPT/F 2.1.

Uma célula solar ultrafina de alta eficiência CdS/CdTe foi concebida com uma espessura reduzida da camada absorvente de CdTe, adicionando uma camada de ZnTe como BSF na célula. A estrutura proposta foi concebida para aumentar a eficiência quântica da célula solar ultrafina de CdS/CdTe.

Nesta investigação, foi ilustrado o efeito da camada absorvente e da camada BSF nos parâmetros de desempenho da célula solar, como a tensão de circuito aberto (V_{oc}), a densidade de corrente de curto-circuito (Jsc), o fator de enchimento (FF) e a eficiência de conversão de energia (η). O efeito da espessura desempenha um papel significativo no desempenho das estruturas das células solares de CdTe (ZnO/CdS/CdTe/ZnTe). Uma simulação mais aprofundada demonstra que a variação da densidade de dopagem (1×10^{16} cm^{-3}) da camada BSF de ZnTe aumenta a eficiência da conversão de energia. A camada tampão de CdS foi alterada por outros materiais, como o sulfureto de zinco e cádmio (Zn0.15Cd0.85S), o sulfureto de estanho (SnS2) e o seleneto de zinco (ZnSe). Os resultados da simulação concluem que a estrutura Zn0.15Cd0.85S/CdTe/ZnTe apresenta a maior eficiência e melhores parâmetros de saída da célula.

A simulação com parâmetros predefinidos demonstrou que a eficiência de conversão aumentou cerca de 4,03% em comparação com a célula de referência. O desempenho da célula de CdTe foi afetado pela recombinação da superfície posterior no caso de absorventes de CdTe mais finos. Mas os cálculos relacionados com a estrutura CdS/CdTe/ZnTe indicam que a inserção de ZnTe pode ultrapassar completamente a perda de recombinação na superfície posterior e aumentar significativamente a eficiência da célula. O ZnTe tem uma baixa descontinuidade da banda de valência em relação ao CdTe, o que é outra qualidade agradável. Outras simulações mostram que a eficiência de conversão foi aumentada até 8,43% usando a camada tampão Zn0.15Cd0.85S com espessura otimizada (1 μm) do absorvedor de CdTe e da camada BSF de ZnTe (0,3 μm). A adição da camada de ZnTe melhora a recolha de portadores, o que contribui para melhorar o desempenho devido a uma maior eficiência quântica.

A partir de várias fontes fiáveis, as equações matemáticas e os valores por defeito para a simulação foram recolhidos e tabulados para obter o resultado por defeito. A simulação da célula com a camada absorvente de CdTe resulta numa eficiência mais elevada do que as outras composições. Por fim, o desempenho da célula foi investigado através da simulação com valores optimizados.

Finalmente, a eficiência óptima de conversão de energia de 24,85% (Jsc = 35,09 mA/cm^2 , Voc = 952,07 mV, FF = 74,37%) foi alcançada na célula de CdTe constituída por 0,01 µm de janela de ZnO, 0,03 µm de tampão ZnCdS, 1,0 µm de absorvedor de CdTe, 0,3 µm de camada BSF de ZnTe, respetivamente.

5.2 Trabalhos futuros

Os trabalhos futuros consistem em melhorar a célula solar de CdTe existente para obter a máxima eficiência com o máximo de eletricidade. Os trabalhos futuros incluem:

• Modelar e conceber um hiato de banda larga para aumentar o desempenho.

• Se a camada de janela for selecionada a partir de compostos II-VI, então poderemos ter melhores opções.

• Seleção de materiais promissores para dispositivos fotovoltaicos

- Avaliar a elevada eficiência de conversão de energia

- Com baixo custo de fabrico

• Análise da eficiência e otimização do intervalo de banda do absorvedor de células solares de heterojunção

• Encontrar um coeficiente de absorção elevado

• Mudar o superstrato para obter melhores resultados.

• Incluindo DBR (Refletor de Bragg Distribuído) como contacto posterior para uma melhor eficiência de conversão.

• Encontrar uma solução para a produção de grandes áreas em substratos flexíveis

Apêndice A

Apêndice

ADEPT 2.1 Diktat de entrada (Predefinição)

```
*title   CdTe cell
misc     tempk=300
mesh     nx=500 xres=10
bc       spf=1e7 snf=1e7 spb=1e7 snb=1e7

*layer   ZnO layer
layer    tm=0.01 eg=3.3 ks=9.0 ndx=2.0 nc=2.2e18 nv=1.8e19 a_file=zno.a
+        nd=1e18 up=25 un=100 chi=4.35 taun.shr=5e-8 taup.shr=5e-9
+        ntt.d=1e17 sig.d=0.1 et.d+=1.65 et.d-=1.65
+        cp.d-=1e-15 cp.d0=1e-15 cn.d+=1e-12 cn.d0=1e-12

*layer   CdS layer
layer    tm=0.05 eg=2.42 ks=10.0 ndx=3.15 nc=2.2e17 nv=1.8e18 a_file=cds.a
+        nd=5e18 up=25 un=100 chi=4.3 taun.shr=2e-8 taup.shr=6e-8
+        ntt.d=1e18 sig.d=0.1 et.d+=1.2 et.d-=1.2
+        cp.d-=1e-12 cp.d0=1e-12 cn.d+=1e-17 cn.d0=1e-17

*layer   CdTe layer
layer    tm=1 eg=1.50 ks=9.4 ndx=3.67 nc=8e17 nv=1.8e19
+        na=2e16 up=60 un=320 chi=4.28 taun.shr=1e-8 taup.shr=5e-8
+        ntt.d=1e14 sig.d=0.1 et.d+=0.56 et.d-=0.56
+        cp.d-=1e-14 cp.d0=1e-14 cn.d+=1e-11 cn.d0=1e-11
+        eg.opt=1.54 b0.opt=0.918e4 b1.opt=2.2849e4 b2.opt=-0.8799e4
+        b3.opt=5.8588e5 b4.opt=-0.2545e4

*layer   ZnTe layer
layerr   tm=0.3 eg=2.26 ks=9.67 ndx=4.00 nc=7e16 nv=2e19
+        na=1e18 ead=-1 up=80 un=330 chi=3.5 taun.shr=1e-5 taup.shr=1e-4
+        cp.d-=1e-16 cp.d0=1e-16 cn.d+=1e-11 cn.d0=1e-11
+        eg.opt=0.66 b0.opt=2.64e4 b1.opt=8.14e4 b2.opt=-4.52e4
+        b3.opt=2.344e5 b4.opt=-1.02e4
genrec   gen=am1.5g conc=1.0 shadow=0.01 rback=0.8 rfront=0.1
solcell
solve    itmax=100 delmax=1.e-5
output   info=5 copies=2
```

ADEPT 2.1 Diktat de entrada (ótimo)

****** ADEPT/F - 2.1 input file: adept-5900 Thu Apr 6 12:24:14 2017 ******
*** cell parameters for gen = am1.5g at 0.100000E+01 x:
voc =0.952069 volts
jsc =0.350905E-01 amps/cm^2
vmp =0.831073 volts
jmp =0.298947E-01 amps/cm^2
ff =0.743662
efficiency = 24.845 percent
collection efficiency = 78.029 percent

slope at jsc =0.292625E-02 mho/cm2
slope at voc =0.106931E+01 ohm-cm2

j(v)=c1+c6*v+(c2+c7*v)*exp(qv/2kt)+(c3+c8*v)*exp(qv/kt)+c4*exp(3qv/2kt)+c5*exp(2qv/kt)
c1 =0.351959E-01
c2 =-.276400E-08
c3 =-.115969E-15
c4 =-.400774E-25
c5 =0.552738E-34
c6 =-.377506E-02
c7 =0.325662E-08
c8 =0.118368E-15

Bibliografia

[1] L. M. Fraas e L. D. Partain, Solar cells and their applications, vol. 236. John Wiley & Sons, 2010.

[2] P. Gevorkian, Sustainable Energy System Engineering: The Complete Green Building Design Resource. McGraw Hill Professional, 2006.

[3] U. Mehmood, S.-u. Rahman, K. Harrabi, I. A. Hussein, e B. Reddy, "Recent advances in dye sensitized solar cells," Advances in Materials Science and Engineering, vol. 2014, 2014.

[4] M. A. Green, "Corrigendum to solar cell efficiency tables (version 49)[prog. photovolt: Res. appi. 2017; 25: 3-13]," *Progress in Photovoltaics: Research and Applications,* vol. 25, no. 4, pp. 333-334, 2017.

[5] M. S. Hossain, N. Amin, M. Matin, M. M. Aliyu, T. Razykov, e K. Sopian, "Um estudo numérico sobre as perspectivas de alta eficiência ultra fina znxcd1-xs/cdte célula solar", *Chalcogenide Letters,* vol. 8, no. 3, pp. 263-272, 2011.

[6] J. Gray, X. Wang, R. V. K. Chavali, X. Sun, A. Kanti, e J. R. Wilcox, "Adept 2.1," *IEEE journal of photovoltaics,* 2015.

[7] N. Amin, A. Yamada, e M. Konagai, "Effect of znte and cdznte alloys at the back contact of 1µm-thick cdte thin film solar cells," *Japanese journal of applied physics,* vol. 41, no. 5R, p. 2834, 2002.

[8] A. Romeo, G. Khrypunov, S. Galassini, H. Zogg e A. Tiwari, "Bifacial configurations for cdte solar cells", *Solar energy materials and solar cells,* vol. 91, n.º 15, pp. 1388-1391, 2007.

[9] E. Bacaksiz, B. Basol, M. Altunbas, V. Novruzov, E. Yanmaz, e S. Nezir, "Effects of substrate temperature and post-deposition anneal on properties of evaporated cadmium telluride films," *Thin Solid Films,* vol. 515, no. 5, pp. 3079-3084, 2007.

[10] V. Novruzov, N. Fathi, O. Gorur, M. Tomakin, A. Bayramov, S. Schorr, e N. Mamedov, "Células solares de película fina de Cdte preparadas por um método de deposição a baixa temperatura," *physica status solidi (a),* vol. 207, no. 3, pp. 730-733, 2010.

[11] T. Aramoto, S. Kumazawa, H. Higuchi, T. Arita, S. Shibutani, T. Nishio, J. Nakajima, M. Tsuji, A. Hanafusa, T. Hibino, et al., "16.0% efficient thin- film cds/cdte solar cells," Japanese Journal of Applied Physics, vol. 36, no. 10R, p. 6304, 1997.

[12] K. E. Haque, T. N. B. Quddus, M. T. Ferdaous, e M. A. Hoque, "An analysis of efficiency variation in an al0.7ga0.3as/al0.48in0.52as heterojunction solar cell with change in device

parameters using adept 1d software," Electronic *Materials Letters,* vol. 9, no. 1, pp. 47-52, 2013.

[13] L. Kosyachenko, A. Savchuk e E. Grushko, "Dependence of efficiency of thin-film cds/cdte solar cell on parameters of absorber layer and barrier structure", *Thin Solid Films,* vol. 517, n.º 7, pp. 2386-2391, 2009.

[14] W. Heywang e K. Zaininger, "Silicon: the semiconductor material", em *Silicon,* pp. 25-42, Springer, 2004.

[15] M. A. Green, "Crystalline and thin-film silicon solar cells: state of the art and future potential", *Solar energy,* vol. 74, no. 3, pp. 181-192, 2003.

[16] A. G. Aberle, "Thin-film solar cells," *Thin solid films,* vol. 517, no. 17, pp. 4706-4710, 2009.

[17] A. Shah, H. Schade, M. Vanecek, J. Meier, E. Vallat-Sauvain, N. Wyrsch, U. Kroll, C. Droz, e J. Bailat, "Thin-film silicon solar cell technology," *Progress in photovoltaics: Research and applications,* vol. 12, n.º 2-3, pp. 113142, 2004.

[18] A. S. Brown e M. A. Green, "Detailed balance limit for the series constrained two terminal tandem solar cell," *Physica E: Low-dimensional Systems and Nanostructures,* vol. 14, no. 1, pp. 96-100, 2002.

[19] O. Malinkiewicz, A. Yella, Y. H. Lee, G. M. Espallargas, M. Graetzel, M. K. Nazeeruddin, e H. J. Bolink, "Perovskite solar cells employing organic charge-transport layers," *Nature Photonics,* vol. 8, no. 2, pp. 128-132, 2014.

[20] P. V. Kamat, "Quantum dot solar cells. semiconductor nanocrystals as light harvesters", *The Journal of Physical Chemistry C,* vol. 112, no. 48, pp. 1873718753, 2008.

[21] C.-H. M. Chuang, P. R. Brown, V. Bulovic e M. G. Bawendi, "Desempenho e estabilidade melhorados em células solares de pontos quânticos através da engenharia de alinhamento de bandas", *Nature materials,* vol. 13, n.º 8, pp. 796-801, 2014.

[22] A.-B. Chen e A. Sher, *Semiconductor alloys: physics and materials engineering (Ligas de semicondutores: física e engenharia de materiais).* Springer Science & Business Media, 2012.

[23] T. Gaewdang, N. Wongcharoen, e T. Wongcharoen, "Characterisation of cds/cdte heterojunction solar cells by current-voltage measurements at various temperatures under illumination," *Energy Procedia,* vol. 15, pp. 299-304, 2012.

[24] M. Sabaghi, A. Majdabadi, S. Marjani e S. Khosroabadi, "Otimização de células solares de película fina cds/cdte de elevada eficiência utilizando a classificação de dopagem por etapas e a espessura da camada de absorção", *Oriental Journal of Chemistry,* vol. 31, n.º 2, pp. 897-906, 2015.

[25] A. S. Mirkamali e K. K. Muminov, "Simulação da eficiência de células solares multijunção em tandem cds/cdte", *arXiv preprint arXiv:1602.01583*, 2016.

[26] N. Khoshsirat, N. A. M. Yunus, M. N. Hamidon, S. Shafie e N. Amin, "Analysis of absorber layer properties effect on cigs solar cell performance using scaps", *Optik-International Journal for Light and Electron Optics*, vol. 126, n.º 7, pp. 681-686, 2015.

[27] Y. Sun, K. H. Montgomery, X. Wang, S. Tomasulo, M. L. Lee e P. Bermel, "Modeling wide bandgap gainp photovoltaic cells for conversion efficiencies up to 16.5%," in *Photovoltaic Specialist Conference (PVSC), 2015 IEEE 42nd*, pp. 1-6, IEEE, 2015.

[28] P. Chelvanathan, M. I. Hossain, and N. Amin, "Performance analysis of copper-indium-gallium-diselenide (cigs) solar cells with various buffer layers by scaps," *Current Applied Physics*, vol. 10, no. 3, pp. S387-S391, 2010.

[29] E. Haque, M. Mehedi, H. Galib, *et al.*, "An investigation into iii-v compounds to reach 20% efficiency with minimum cell thickness in ultrathin-film solar cells," *Journal of electronic materials*, vol. 42, no. 10, p. 2867, 2013.

[30] J. Gjessing, E. S. Marstein e A. Sudb0, "2d back-side diffraction grating for improved light trapping in thin silicon solar cells", *Optics express*, vol. 18, n.º 6, pp. 5481-5495, 2010.

[31] X. Meng, G. Gomard, O. El Daif, E. Drouard, R. Orobtchouk, A. Kaminski, A. Fave, M. Lemiti, A. Abramov, P. R. i Cabarrocas, *et al.*, "Absorbing photonic crystals for silicon thin-film solar cells: Design, fabrication and experimental investigation," *Solar Energy Materials and Solar Cells*, vol. 95, pp. S32-S38, 2011.

[32] T. Nakada e M. Mizutani, "18% efficiency cd-free cu (in, ga) se2 thin-film solar cells fabricated using chemical bath deposition (cbd)-zns buffer layers," *Japanese Journal of Applied Physics*, vol. 41, no. 2B, p. L165, 2002.

[33] M. A. Green, "Solar cell fill factors: General graph and empirical expressions," *Solid-State Electronics*, vol. 24, no. 8, pp. 788-789, 1981.

[34] R. R. Lunt e V. Bulovic, "Transparent, near-infrared organic photovoltaic solar cells for window and energy-scavenging applications", Applied Physics Letters, vol. 98, n.º 11, p. 61, 2011.

[35] A. D. Compaan, "The status of and challenges in cdte thin-film solar-cell technology", em *MRS Proceedings,* vol. 808, pp. A7-6, Cambridge Univ Press, 2004.

[36] X. Wu, "High-efficiency polycrystalline cdte thin-film solar cells," *Solar energy*, vol. 77, no. 6, pp. 803-814, 2004.

[37] H. Kroemer, "Heterostructure devices: A device physicist looks at interfaces," *Surface Science*, vol. 132, no. 1-3, pp. 543-576, 1983.

[38] A. Klein, "Energy band alignment at interfaces of semiconducting oxides: A review of experimental determination using photoelectron spectroscopy and comparison with theoretical predictions by the electron affinity rule, charge neutrality levels, and the common anion rule," *Thin Solid Films*, vol. 520, no. 10, pp. 3721-3728, 2012.

[39] R. Anderson, "Germanium-gallium arsenide heterojunctions [letter to the editor]," *IBM Journal of Research and Development*, vol. 4, no. 3, pp. 283-287, 1960.

[40] V. E. Borisenko e S. Ossicini, *What is what in the Nanoworld: A Handbook on Nanoscience and Nanotechnology*. John Wiley & Sons, 2013.

[41] S. M. Sze e K. K. Ng, *Physics of semiconductor devices*. John wiley & sons, 2006.

[42] M. Asaduzzaman, A. N. Bahar, M. M. Masum e M. M. Hasan, "Célula solar de alta eficiência cu2znsn(s, se)4 sem cádmio com camada tampão zn1-xsnxoy", *Alexandria Engineering Journal*, 2017.

[43] R. V. K. Chavali, E. C. Johlin, J. L. Gray, T. Buonassisi e M. A. Alam, "Uma estrutura para modelagem de processo para módulo de células solares de heterojunção a-si / c-si (hit) para investigar a lacuna de eficiência de célula para módulo", *IEEE Journal of Photovoltaics*, vol. 6, no. 4, pp. 875-887, 2016.

[44] M. Asaduzzaman, M. Hasan, and A. N. Bahar, "An investigation into the effects of band gap and doping concentration on cu(in, ga)se2 solar cell efficiency," *SpringerPlus*, vol. 5, no. 1, p. 578, 2016.

[45] M. Asaduzzaman, M. B. Hosen, M. K. Ali, e A. N. Bahar, "Camadas tampão não tóxicas em aplicações de células fotovoltaicas flexíveis de cu(in, ga)s2 com espessura de absorvente optimizada," *International Journal of Photoenergy*, vol. 2017, 2017.

[46] C. S. Ferekides, D. Marinskiy, V. Viswanathan, B. Tetali, V. Palekis, P. Selvaraj, e D. Morel, "High efficiency css cdte solar cells," Thin Solid Films, vol. 361, pp. 520-526, 2000.

[47] M. Gloeckler, I. Sankin e Z. Zhao, "Cdte solar cells at the threshold to 20% efficiency", IEEE Journal of Photovoltaics, vol. 3, no. 4, pp. 1389-1393, 2013.

[48] M. Asaduzzaman, A. N. Bahar e M. M. R. Bhuiyan, "Conjunto de dados que demonstra a modelação de uma célula fotovoltaica de película fina baseada num absorvedor de cu(in, ga)se2 de elevado desempenho", Data in Brief, vol. 11, pp. 296-300, 2017.

[49] C. Ferekides, R. Mamazza, U. Balasubramanian, e D. Morel, "Transparent conductors and

buffer layers for cdte solar cells," Thin Solid Films, vol. 480, pp. 224-229, 2005.

[50] H. Mahabaduge, W. Rance, J. Burst, M. Reese, D. Meysing, C. Wolden, J. Li, J. Beach, T. Gessert, W. Metzger, et al., "High-efficiency, flexible cdte solar cells on ultra-thin glass substrates," Applied Physics Letters, vol. 106, no. 13, p. 133501, 2015.

[51] M. Aliyu, M. Matin, M. Islam, M. Karim, T. Razykov, K. Sopian, N. Amin, e M. Hossain, "Effect of different bsr in front and back contacts for znxcd1-xs/cdte solar cell," International Journal of Mechanical and Materials Engineering, vol. 6, no. 3, 2012.

[52] M. T. Ferdaous, M. F. Islam, K. E. Haque, e N. Amin, "Numerical analysis of ultra thin high efficiency cd1-xznxs/cd1-xznxte solar cell," Electrical and Electronic Engineering, vol. 5, no. A, pp. 14-18, 2015.

[53] S. Chusnutdinow, V. Makhniy, T. Wojtowicz, e G. Karczewski, "Electrical properties of p-znte/n-cdte photodiodes," Ata Physica Polonica A, vol. 122, no. 6, pp. 1077-1079, 2012.

[54] O. Olusola, M. Madugu, e I. Dharmadasa, "Investigating the electronic properties of multi-junction zns/cds/cdte graded bandgap solar cells," Materials chemistry and physics, 2017.

[55] I. O. Oladeji, L. Chow, C. S. Ferekides, V. Viswanathan e Z. Zhao, "Metal/cdte/cds/cd1-xznxs/tco/glass: a new cdte thin film solar cell structure", Solar energy materials and solar cells, vol. 61, n.º 2, pp. 203-211, 2000.

[56] O. M. Hussain, P. S. Reddy, B. S. Naidu, S. Uthanna, e P. J. Reddy, "Characterization of thin film zncds/cdte solar cells," Semiconductor science and technology, vol. 6, no. 7, p. 690, 1991.

[57] I. O. Oladeji e L. Chow, "Synthesis and processing of cds/zns multilayer films for solar cell application," Thin Solid Films, vol. 474, no. 1, pp. 77-83, 2005.

[58] L. A. Burton, D. Colombara, R. D. Abellon, F. C. Grozema, L. M. Peter, T. J. Savenije, G. Dennler e A. Walsh, "Synthesis, characterization, and electronic structure of single-crystal sns, sn2s3, and sns2," Chemistry of Materials, vol. 25, no. 24, pp. 4908-4916, 2013.

[59] D. Han, Y. Sun, J. Bang, Y. Zhang, H.-B. Sun, X.-B. Li e S. Zhang, "Armadilhas de electrões profundas e origem da condutividade do tipo p no material de célula solar abundante na Terra cu2znsns4", Physical Review B, vol. 87, n.º 15, p. 155206, 2013.

[60] G. Gordillo, C. Calderon e H. Infante, "Cdte thin film solar cells with znse buffer layer", em Photovoltaic Specialists Conference, 2002. Conference Record of the Twenty-Ninth IEEE, pp. 644-647, IEEE, 2002.

I want morebooks!

Buy your books fast and straightforward online - at one of world's fastest growing online book stores! Environmentally sound due to Print-on-Demand technologies.

Buy your books online at
www.morebooks.shop

Compre os seus livros mais rápido e diretamente na internet, em uma das livrarias on-line com o maior crescimento no mundo! Produção que protege o meio ambiente através das tecnologias de impressão sob demanda.

Compre os seus livros on-line em
www.morebooks.shop

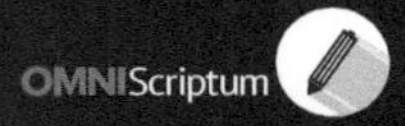

Printed by Books on Demand GmbH, Norderstedt / Germany